Peter Buchner

# Waldtracht von Fichte und Tanne

Peter Buchner

# WALDTRACHT VON FICHTE UND TANNE

## Wegweiser vom Honigtau zum Waldhonig

Leopold Stocker Verlag
Graz – Stuttgart

Umschlaggestaltung:
DSR Werbeagentur Rypka GmbH, 8143 Dobl/Graz, www.rypka.at
Umschlagbilder Vorderseite: Großes Bild: iStock.com/simonkr; kleine Bilder: links: Vinzenz Lässer; Mitte: iStock.com/Mr_Fu; rechts: iStock.com/da-kuk.
Umschlagbilder Rückseite: Peter Buchner: Bild ganz oben, Bild 1, 3, 4, 5;
Vinzenz Lässer: Bild 2.

Bildnachweis:
Den Bildnachweis finden Sie direkt beim jeweiligen Bild vermerkt.



Bibliografische Information der Deutschen Nationalbibliothek
Die Deutsche Nationalbibliothek verzeichnet diese Publikation in der Deutschen Nationalbibliografie; detaillierte bibliografische Daten sind im Internet unter http://dnb.d-nb.de abrufbar.

Hinweis: Dieses Buch wurde auf chlorfrei gebleichtem Papier gedruckt. Die zum Schutz vor Verschmutzung verwendete Einschweißfolie ist aus Polyethylen chlor- und schwefelfrei hergestellt. Diese umweltfreundliche Folie verhält sich grundwasserneutral, ist voll recyclingfähig und verbrennt in Müllverbrennungsanlagen völlig ungiftig.

Auf Wunsch senden wir Ihnen gerne kostenlos unser Verlagsverzeichnis zu:
Leopold Stocker Verlag GmbH
Hofgasse 5/Postfach 438
A-8011 Graz
Tel.: +43 (0)316/82 16 36
Fax: +43 (0)316/83 56 12
E-Mail: stocker-verlag@stocker-verlag.com
www.stocker-verlag.com

ISBN 978-3-7020-2259-4

Layout und Repro: DSR Werbeagentur Rypka GmbH, 8143 Dobl/Graz

# INHALT

# OFT MUSS MAN DAS KLEINE SEHEN, UM ES ALS GROSSES GANZES ERKENNEN UND BEURTEILEN ZU KÖNNEN.

Ich widme dieses Buch meiner Mutter Herta, meinen sechs Geschwistern und dem Andenken an meinen im Jahr 2021 verstorbenen leiblichen und imkerlichen Vater, Wanderlehrer Buchner Alois.

Ohne Euch alle wäre ich niemals dort, wo ich jetzt bin!

**Hinweis:**
Bei allen Bezeichnungen, die auf Personen bezogen sind, meint die gewählte Formulierung beide Geschlechter, auch wenn aus Gründen der leichteren Lesbarkeit die männliche (oder weibliche) Form verwendet wurde.

# LIEBE LESERINNEN UND LESER,

„Gibt's bei dir noch Honig?", werde ich oft gefragt. „Hab' ich noch, welchen willst du haben?", frage ich zurück. „Einen normalen", kommt dann meistens als Antwort des Honigkundens. Und ich weiß, dass dann Waldhonig gemeint ist.

So, oder so ähnlich wird es wahrscheinlich vielen Imkerinnen und Imkern gehen, deren Bienen Fichten und/oder Tannen befliegen können, die also Waldhonig in ihrem Angebot haben.

Den meisten Konsumenten ist die Herkunft des Waldhonigs egal oder sie glauben, dass Waldhonig von den Blüten der Fichten oder Tannen kommt. Dass das weit gefehlt ist, wissen wir Imker.

Die Imkerei wurde in den letzten Jahren immer populärer, immer mehr junge und jung gebliebene Leute haben sich für diese faszinierende Beschäftigung entschieden. Sie lernen ihr Handwerk bei erfahrenen Kolleginnen und Kollegen und in den diversen Imkerschulen. Auch Fachbücher gibt es für allerlei imkerliche Themen. Nur für die Waldtracht gibt es keinerlei Literatur zu kaufen.

Aber jetzt ist es wieder soweit. Es ist mir eine große Freude, dass sich Wanderlehrer Peter Buchner der Waldtracht verschrieben hat und Sie in die faszinierende Welt der Waldtracht einführt.

In diesem Buch nimmt er Sie mit auf eine Reise durch die grünen Wälder, wo Fichten und Tannen nicht nur majestätisch in den Himmel ragen, sondern auch als stille Gastgeber für die fleißigen Honigtauerzeuger dienen.

Nach vielen Jahren, in denen ältere Fachbücher vergriffen und die Geheimnisse der Waldtracht nur noch in den Erzählungen erfahrener Imker lebendig waren, präsentiert Ihnen der Trachtreferent des Vorarlberger Imkerverbandes nun ein neues und überarbeitetes Werk. Es ist ein Buch, das sowohl für den Laien als auch für den Fachmann geschrieben wurde, um Licht in das Dunkel der Wälder und ihrer süßen Schätze zu bringen.

Die Waldtracht, ein Phänomen, das durch die Interaktion zwischen Insekten und Bäumen entsteht, ist ein Kapitel der Natur, das sowohl Wissenschaft als auch

Poesie in sich birgt. Dieses Buch enthüllt die komplexen Beziehungen zwischen den Honigtauerzeugern und ihren pflanzlichen Wirten und zeigt auf, wie diese Symbiose zu einem der einzigartigsten Produkte führt, die die Natur zu bieten hat: dem Waldhonig.

In diesem Buch finden Sie detaillierte Beschreibungen der verschiedenen schon bekannten, aber auch neu entdeckten Honigtauerzeuger. Es beinhaltet wissenschaftliche Erkenntnisse und praktische Ratschläge, die aus jahrzehntelanger Erfahrung stammen. Es hat sich zur Aufgabe gemacht, das Wissen über die Waldtracht nicht nur zu bewahren, sondern es auch für zukünftige Generationen zugänglich zu machen.

Möge dieses Buch als Brücke dienen, die die Vergangenheit mit der Zukunft verbindet, und als Leitfaden, der Ihnen hilft, die Geheimnisse und die Schönheit der Waldtracht zu entdecken und zu schätzen.

Ich bin überzeugt, dass dieses Buch ein wertvoller Begleiter bei der Trachtbeobachtung sein wird.

Mit herzlichen Grüßen und im Geiste der Entdeckung,

**WL IM Ernst Tiefenthaler**
Bundestrachtreferent des ÖIB

# EINLEITUNG

Wer sich mit der Bienenhaltung beschäftigt, muss sich nicht nur mit dem Organismus „Bien“ und dessen Lebensweise beschäftigen, sondern vor allem auch mit den Umweltfaktoren, die das Bienenvolk über verschiedenste Weise beeinflussen. Schnell wird einem bewusst, dass es sich bei der Imkerei – Bienenkunde – um eine interdisziplinäre Wissenschaft handelt. So haben auch die geographische Lage und das damit verbundene Klima und Wetter eines Bienenstandortes Auswirkung auf die phänologische Abfolge der Bienenweide als Nahrungsgrundlage des „Biens“. Dies wiederum beeinflusst unmittelbar die Entwicklung und die Gesunderhaltung des „Biens“.

**„Eure Nahrungsmittel sollen Eure Heilmittel und Eure Heilmittel sollen eure Nahrungsmittel sein.“**

Schon der in der Antike lebende griechische Arzt Hippokrates, dem dieses Zitat zugeschrieben wird, erkannte damals die

*Abb. 1: Der Honigtau stellt eine bedeutende Rolle am Speiseplan der Bienen dar.* (Quelle: Buchner P. 2023)

Wichtigkeit einer vielseitigen Nahrungsversorgung des Menschen. Vielfalt bei der Ernährung erhält die Vitalität und Gesundheit beim Menschen, aber auch beim „Bien". Daher können diese Worte mit Sicherheit auf den Organismus „Bien" übertragen werden.

Neben Nektar, Pollen, Propolis und Wasser ist es der weniger bekannte Honigtau, der eine bedeutende Rolle am Speiseplan des Biens darstellt. Erstarkt aus dem Frühjahr heraus, mit zahlreichen Sammlerinnen ausgestattet, ist im Früh- und Hochsommer Honigtau ein wichtiger Energiespender und für uns Imker der „Große Ertragsbringer"! Lieber Leserkreis, taucht mit mir ein in die Welt der Honigtauerzeuger der Fichte und Tanne.

## MEINE MOTIVATION

Das Leben im Rhythmus der Jahreszeiten, mit den Abläufen in der Natur sowie dem respektvollen, sorgsamen Umgang mit dem Organismus Bien sehe nicht nur ich als ein großes Privileg an. So macht die Arbeit mit den Bienen nicht nur mir viel Freude, aus Gesprächen mit Imkern höre ich immer wieder von einem Gefühl der Harmonie, einer intensiven Teilhabe an den Entwicklungsschritten der Bienen und einer daraus resultierenden inneren Zufriedenheit.

Uns Imkern ist es vergönnt, bei jedem Besuch bei den Bienen an der „Magie" des „Biens" teilzunehmen. Selbst nach Jahrzehnten der Imkerei sehen und erleben wir immer wieder etwas Neues.

Bei meinen Vorträgen zur Waldtracht zeigte sich in der Imkerschaft ein großes Interesse, ja ein Wissensdurst, bezüglich der Honigtauerzeuger sowie der daraus resultierenden Waldtracht. Es freut mich, dass viele Imker neben der Arbeit mit dem Bien mehr Raum der Natur- und Trachtbeobachtung schenken möchten. Gerade die immer größer werdende Imkerschar in meiner Waldtrachtgruppe gibt mir das zu erkennen.

Als „Oberlausbub" wollte ich den Mitgliedern meiner Waldtrachtgruppe eine Buchempfehlung zum Thema Waldtracht geben. Dabei stellte ich fest, dass alle einschlägigen Werke zur Waldtracht vergriffen sind. Also nahm ich mir die Zeit, um selbst ein Waldtrachtbüchlein über die Honigtauerzeuger der Fichte und Weißtanne zusammenzutragen. Die Beschaffung einschlägiger Literatur war gar nicht so einfach. Nebst den wenigen wichtigen Standardwerken sind viele Berichte über die Waldtracht in imkerlichen Fachzeitschriften erschienen. Diese in Bibliotheken und online in Foren zu sichten und zu berücksichtigen, war meine Aufgabe. An dieser Stelle möchte ich betonen, dass ich kein „gelernter" Biologe oder studierter Agraringenieur bin. Ich bin praxisorientierter Imker, also „Praktiker", und Wanderlehrer, der sich von Kindesbeinen an mit der Thematik Waldtracht beschäftigt hat. Daher soll dieses Büchlein als praxisbezogener Wegweiser die komplexen Beziehungen zwischen den Honigtauerzeugern und ihren Wirtspflanzen im Kontext der Jahreszeiten einfach und sachlich erklären.

- Ziel dieses Buches ist, das Vorkommen und Erkennen der wichtigsten Honigtauerzeuger der Fichte und Weißtanne zu erläutern.

- Weiters möchte ich die Imkerschaft (Erwerbs- und Freizeitimker) für dieses Thema sensibilisieren und begeistern, entsprechendes Fachwissen vermitteln und damit ein Rüstzeug für die Waldtrachtbeobachtung mit auf den Weg geben.
- Zusätzlich soll dieses Schriftstück auch als schriftliche Unterlage für die Teilnehmer an meinen Waldtrachtvorträgen und Waldexkursionen Nutzen finden.
- So kann in weiterer Folge die Vorhersage und Nutzung der Waldtracht anhand praktischer Tipps und Methoden erfolgen.

Um sich einen Wissensschatz zum Thema Honigtauerzeuger anzueignen, benötigt man Interesse und Zeit, daher waren „wissende" erfahrene Imker nicht selten verschwiegene Gesellen. Sie gaben ihr Wissen und Know-how, welches sie sich über Jahre mühselig angeeignet hatten, ungern weiter. So sollte niemand außer sie selbst vom Wissen um eine Waldregion und deren oft kurze Trachten profitieren. Sogar in den Imkervereinen wurde dieser Geheimniskrämerei gefrönt.

Die heutigen erfahrenen Imker stehen der Wissensweitergabe zu allen imkerlichen Themen erfreulicherweise weit offener gegenüber.

Der weltweite mediale Rummel um das „Bienensterben" brachte einen Hype/Ansturm auf die Imkerausbildungen. Dort, so meine ich, wird dem vielschichtigen Thema Waldtracht zu wenig Augenmerk geschenkt.

Ich vertrete den Standpunkt, dass sich jeder Imker mit dem Themenkomplex sowohl der Honigtauerzeuger als Bienenweide für den Bien als auch der Ertragsquelle für den Imker auseinandersetzen muss. Gerade der dunkle, würzige Waldhonig ist beim Kunden hochgeschätzt und lässt sich durch die Tatsache, dass er nicht jedes Jahr zu ernten ist, gut und hochpreisig verkaufen. Meist ist die Nachfrage größer als das Angebot.

Lange Zeit war unklar, woher die zuckerhaltigen Tröpfchen, die im Wald an den Bäumen und im Unterholz zu finden waren, stammen. Schon im 17. Jh. wurde von einer tierischen Beteiligung an der Entstehung des Honigtaus berichtet, doch war es nicht geziemend, diese Tatsache zu verbreiten. So hielt sich bis ins 19. Jh. die Theorie vom Ausschwitzen des Honigtaus durch den Baum. Erst im Jahr 1891 veröffentlichte der deutsche Botaniker Moritz Büsgen seine Untersuchungen (Der Honigtau) an Pflanzenläusen, Pflanzen sowie deren Saftbahnen und belegte so durch seine Ausführungen den Ursprung des Honigtaus. Trotzdem wurde bis über den Zweiten Weltkrieg hinaus – wohl auch aus Verlegenheit dem Kunden gegenüber – die Herkunft des Honigtaus als „Läuse-Ausscheidung" verschwiegen.

Die Tracht des Biens ist immer pflanzlichen Ursprungs. Einerseits ist die Pflanze in der Lage, durch Drüsen den Siebröhrensaft floral über die Blüte oder extra floral, also direkt, abzugeben. Andererseits ist bei der Ausscheidung von Honigtau ein Insekt, der Honigtauerzeuger, dazwischengeschaltet.

Mir ist sehr wohl bewusst, dass es neben der Fichte und Tanne weit mehr wichtige Honigtauerzeuger auf anderen Nadel- und Laubbäumen, den so genannten Wirtsbäumen, gibt.

**Ich glaube aber, dass sich die bienenwirtschaftlich relevantesten auf Fichte und Tanne befinden und sie daher die „Brotbäume" der Honigtautracht im Alpenraum und Mitteleuropa darstellen.**

# TRACHTSITUATION IM ALPENRAUM/MITTELEUROPA

## GEOGRAFIE

Geografisch vielgestaltig präsentiert sich die Landschaft und der Boden des Alpenraums und Mitteleuropas. Es gibt sowohl flache Tallagen und Niederungen an den Hauptflüssen als auch die hügeligen Landschaften der Voralpen, bis hin zu montanen, subalpinen und alpinen Höhenstufen der Alpen.

So steigert die Höhenausdehnung der Alpen die Artenvielfalt der Pflanzen- und Baumgesellschaften im Vergleich zu einer ebenen Landschaft mit gleicher Fläche enorm. Wie alle großen Gebirgsketten der Erde sind auch die Alpen als ein „Hot Spot" der biologischen Vielfalt und dem klimatischen Wandel unterworfen.

*Abb. 2: Die Landschaft des Alpenraums präsentiert sich, geografisch gesehen, vielgestaltig.*
*(Quelle: Buchner P. 2023)*

## KLIMA UND WETTER

So wie die Geografie ist auch das Klima von vielerlei Art und im Wandel begriffen. Ein breites Spektrum von feuchtwarmem Kontinentalklima in den Niederungen bis hin zu kaltgemäßigtem bzw. subarktischem Klima im alpinen Raum hält die Region bereit.

Mitteleuropa sowie der Alpenraum erfährt seine meteorologische Prägung meist durch die „Wetterküche" des Atlantiks. So genannte „Westwetterlagen" mit Nordstau am Alpenhauptkamm, oftmaligem Wetterwechsel und Kälterückschlägen im Frühjahr begründen die hohen Niederschlagsmengen der Voralpen und Alpenländer. Von West nach Ost nehmen die Niederschlagsmengen deutlich ab und der kontinentale Wettercharakter gewinnt an Einfluss. Milde niederschlagsarme Winter, Trockenheit, Starkregen, Stürme sowie andere Wetterextreme, die dem Klimawandel zugeschrieben werden müssen, verändern den Gesamtkontext und somit das Umfeld des Biens und der Honigtauerzeuger.

So stellt sich oft nicht nur meine Situation, wie folgt dar: Die aus erwähnter Witterung und dem Standortklima resultierende Vegetation des Grünlandes bedingt in den Tallagen eine Entwicklungstracht, die als „Aufbautracht" für den „Bien" essenziell ist. Nach der darauffolgenden Frühtracht mit der Obstbaumblüte („das Große Blühen") und Abklingen dieser stellt sich nicht nur der ertragsorientierte Imker die Frage nach weiteren Nahrungsangeboten, um eine ausreichende Nährstoffversorgung seiner erstarkten Bienenvölker zu gewährleisten. Das Abwandern aus dem von Milchwirtschaft geprägten Grünland mit entsprechendem Mäh-Rhythmus (5–6 Mahden) in andere Regionen ist dann sehr oft sinnvoll.

Dabei schielen viele Imker aus dem Alpenraum neidisch auf die verschiedenen Trachtangebote durch Agrarflächen. Landwirtschaftliche Kulturpflanzen, wie Raps, Sonnenblumen, Buchweizen, Klee u. a., werden inneralpin kaum bis gar nicht angebaut.

Auch von trachtrelevanten Eichen-, Robinien- oder Kastanienwäldern kann die Imkerschaft im zentralen Alpenraum nur träumen. Daher stellt sich die Frage ...

## WANDERN ODER BLEIBEN?

So stellt sich für den Imker im Alpenraum die Situation meist so dar:

- Verbleib in der Region, wenn eine vielfältige Vegetation der Landschaft oder des vorhandenen Siedlungsraums Ertrag verspricht (z. B. mit Grün- und Parkanlagen im städtischen Raum, Stadtimkerei).
- Das Wandern in höhere Regionen (Hochgebirge), um mit seinen Bienenvölkern eine zweite Blütentracht zu nutzen und etwas Gebirgsblütenhonig zu erhaschen.
- **Eine weitere und in vielen Regionen wohl die bedeutendste Möglichkeit, Honigerträge zu erzielen, ist das Anwandern einer Waldtracht!** Dabei bedarf es um die Kenntnis der Honigtauerzeuger mit deren Entwicklung.

Aufzeichnungen zur Waldtracht im Vorarlberger Rheintal sowie der Region Pfänderstock durch meinen Vater und mich, die bis in die frühen 1970er-Jahre zurückreichen, zeigen, dass in 7 von 10 Jahren eine Waldtracht durch Fichte oder Tanne in benannten Regionen zu verzeichnen war. Ähnliches berichtet Prof. Pechhacker in Kloft et al. (1985, S. 7), wonach in den Regionen des Alpenraums und in den Wäldern der Böhmischen Masse der Wald im Durchschnitt in 7–8 von 10 Jahren honigt.

*Abb. 3: Gut getarnt, die Grüne Tannenrindenlaus* (Quelle: Lässer Vinzenz)

# DER WALD

Die ursprüngliche und natürliche Vegetation Mitteleuropas ist der Wald.

Ohne Eingriff des Menschen wären wohl über 90 % der Landfläche bewaldet. In Mitteleuropa sind heute ca. 30 % der Flächen bewaldet; davon sind 75 % Nadelbäume und 25 % Laubbäume. Prägen im Osten Mitteleuropas Kiefern und Lärchen das Gesicht des Waldes so sind es im Westen und Alpenraum vor allem Fichten. Seit jeher wurde der Baumbestand der Wälder durch Eingriffe des Menschen verändert. Der Holzeinschlag zur Gewinnung von Bauholz, zur Energiegewinnung, aber auch die Weidewirtschaft haben die Waldbestände verändert (Schick et al. 1997, S. 52).

Der heutige Wald ist ein Ergebnis vielfältiger Nutzung durch uns Menschen. Prägen oft noch ertragreiche Nutzholzarten, die vorwiegend in Monokulturen stehen, unsere Wälder/Forste, so zeigt sich nicht zuletzt durch die Klima- und Biodiversitätskrise ein Umdenken diesbezüglich.

*Abb. 4: Ohne Eingriff des Menschen wären heute wohl über 90 % der Fläche Mitteleuropas bewaldet.*
*(Quelle: Buchner P. 2023)*

## DER WALD AUS SICHT DES IMKERS

Der **Wald** als großes Ökosystem bietet den Imkern seit je her eine vielfältige und wichtige Bienenweide und ist daher der **wichtigste Honiglieferant**. So bietet der Wald in phänologischer Abfolge von der Boden-, Kraut-, Strauch- bis zur obersten Baumschicht eine Art Trachtfließband. Bodendeckender Flor, heckenbildende Sträucher oder Waldsäume sind wichtige Impulsgeber für den Bien. Sind es im Frühjahr oft Pollen und nektarspendende Pflanzen, die dominieren, so geraten im Früh- und Hochsommer die Honigtauerzeuger der Baumschicht in den Mittelpunkt.

**So wie im Titel des Buches unschwer zu erkennen ist, dreht sich in diesem Buch alles um die Honigtauerzeuger der Fichte und Tanne!**

Früher waren die sogenannten Zeidler die ersten Waldimker, welche in ursprünglicher Art und Weise Imkerei betrieben haben. Zeidler waren verpflichtet, den Wald zu beaufsichtigen, zu hegen und zu pflegen. Sie waren in der Zeidler-Innung organisiert und genossen dadurch besondere Rechte und Pflichten. Grundstein für diese Art von Imkerorganisation legte Karl, der Große um das Jahr 800 n. Christi. Die Imkerei zu dieser Zeit war nur Angehörigen der Zeidler-Innung gestattet, es war sonst keinem erlaubt, der Imkerei in den Wäldern nachzugehen. Diese erstmals organisierte Form der Waldimkerei entstand in Süddeutschland und hielt sich bis in die Neuzeit hinein (Quelle: Bienenbotschaft, 2024).

Heute obliegt es sowohl den Standortimkern in Waldnähe als auch den Wanderimkern, in den Wald zu gehen, um die „Zeichen“ des Waldes zu beobachten, zu erkennen und dann entsprechend zu reagieren.

Etwas provokant lautet ein Satz aus der Waldimkerei: „Der dumme Imker fährt in den Wald, der kluge Imker geht vorher in den Wald!“

## DER WALD ÖSTERREICHS

Die vom österreichischen Bundesministerium in Auftrag gegebene Waldinventur (ÖWI), liefert seit mehr als einem halben Jahrhundert eine Vielzahl von Daten über Zustand und Veränderung des österreichischen Waldes. Ergebnisse der Waldinventur finden reichhaltige Anwendung.

Die Zahlen der 2022 durchgeführten Waldinventur in Österreich belegen, dass die Waldfläche in Österreich zunimmt. So beträgt die Waldfläche Österreichs vier Millionen Hektar, dies entspricht 47,9 % der Staatsfläche Österreichs.

*Abb. 5: Waldfläche Österreichs* (Quelle: BFW, © BML)

So hat in den letzten zehn Jahren die Waldfläche täglich um sechs Hektar zugenommen. Die Waldfläche vergrößert sich vor allem in den gebirgigen Regionen im Westen Österreichs. Dort werden ehemals landwirtschaftlich genutzte Flächen aufgelassen. Sie werden entweder aufgeforstet oder es entsteht von Natur aus Wald. Bundesweit liegt der Zuwachs über dem der Nutzung. Mit 46,2 % stellt die Fichte in Österreichs Wäldern die Hauptbaumart dar.

Nadelholzreinbestände haben in den letzten Jahren abgenommen und der Trend zu mehr Laubholz setzt sich deutlich fort. Durch eine Mischung von Laub- und Nadelholzarten verbessert sich die Biodiversität und Klimafitness unserer Wälder.

Das waldreichste Bundesland ist die Steiermark mit 62 %, gefolgt von Kärnten mit 61 %, Salzburg mit 52 % und Oberösterreich mit 42 %. Weitere Informationen und Details über den österreichischen Wald lassen sich über www.waldinventur.at online abrufen. (Quelle: BFW 2022)

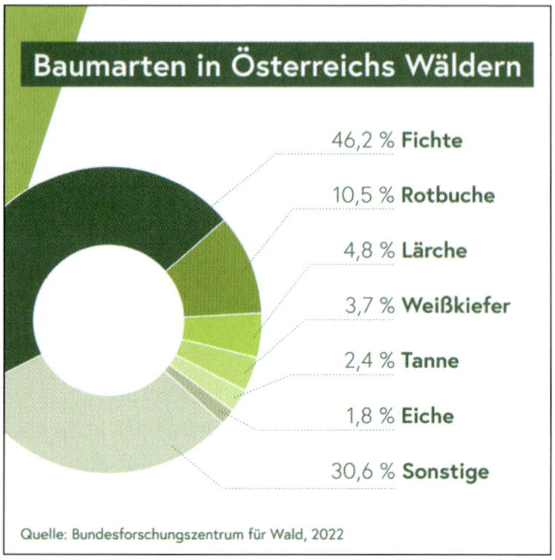


*Abb. 6: Hauptbaumarten im österreichischen Wald* (Quelle: BFW, © BML)

## DER WALD DER SCHWEIZ

31 % der Schweizer Landesfläche sind mit Wald bedeckt. Dabei werden die Waldflächen in Forstzonen unterteilt, deren Nadelhölzer machen zwei Drittel sowie Laubbäume ein Drittel des Baumbestandes aus. So wachsen zumeist gemischte Nadel- oder Mischwälder aus Nadel- und Laubholzarten. Die drei häufigsten Bäume sind die Fichte, auch Rottanne genannt, gefolgt von der Buche und der Weißtanne.

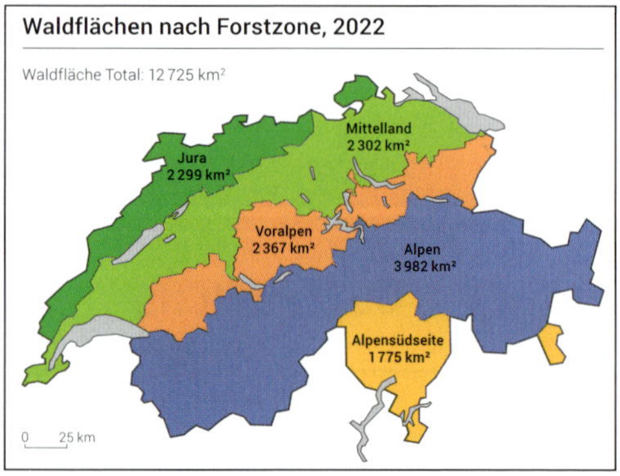


*Abb. 7: Die verschiedenen Landschaftstypen der Schweiz* (Quelle: Schweizerische Forststatistik)

Gute Waldtrachtregionen der Schweiz sind die Nadelwälder der Alpen, Voralpen und des Mittellandes mit Fichte und Weißtanne. Dabei ist die verbreitetste Honigtautracht die der Fichte. Der westliche Jura und das zentrale Mittelland sind für seine Weißtannenbestände und Tannentrachten bekannt. Daneben sind die Regionen der anspruchsvolleren Weißtannen viel kleinräumiger begrenzt als die der Fichte. In all diesen Regionen ist die Waldtracht die für den Ertrag entscheidende Tracht, denn die Frühjahrstracht reicht hier wie in vielen anderen Alpenregionen meist nur zur Volksentwicklung (bienen&natur, 2021/1, S. 43–44).

# DER WALD DEUTSCHLANDS

Deutschland ist eines der waldreichsten Länder Mitteleuropas. Aktuell sind knapp 32 % der Gesamtfläche Deutschlands mit Wald bedeckt. Auch hier hat durch eine nachhaltige Bewirtschaftung die Waldfläche trotz einer intensiven wirtschaftlichen Nutzung seit dem Zweiten Weltkrieg stetig zugenommen. Ein Erfolgsgeheimnis dafür war die Verwirklichung des Prinzips „Schützen durch Nutzen“: Durch eine verantwortungsvolle Bewirtschaftung und die behutsame Öffnung für gesellschaftliche Interessen, wie Erholung, Freizeit und Sport, gewann der Wald in den Augen der Menschen an Wert – die beste Garantie für seinen Erhalt.

Durch eine Abkehr von Nadelbaum-Monokulturen hin zu möglichst artenreichen Mischwäldern haben die Mischbestände in Deutschlands Wäldern deutlich an Fläche gewonnen.

Im deutschen Wald stehen jetzt ca. 90 Mrd. Bäume, das sind über 1.000 Bäume pro Einwohner (Quelle: DFWR, 2024).

Nebst der ausgewiesenen Weißtannentracht-Region Schwarzwald sind als Waldtrachtregion der Thüringerwald, der Schwäbische- und Bayrische Wald sowie der waldreiche Bereich der Voralpen hervorzuheben (bienen&natur, 2021/1, S. 13). In Bayern ist die Fichte mit derzeit 41,8 % noch der dominierende Wirtsbaum. Durch den Waldumbau von Reinbeständen hin zu mehr Mischwäldern ging der Fichtenanteil in den letzten Jahren zurück (LWF Bayern 2024).

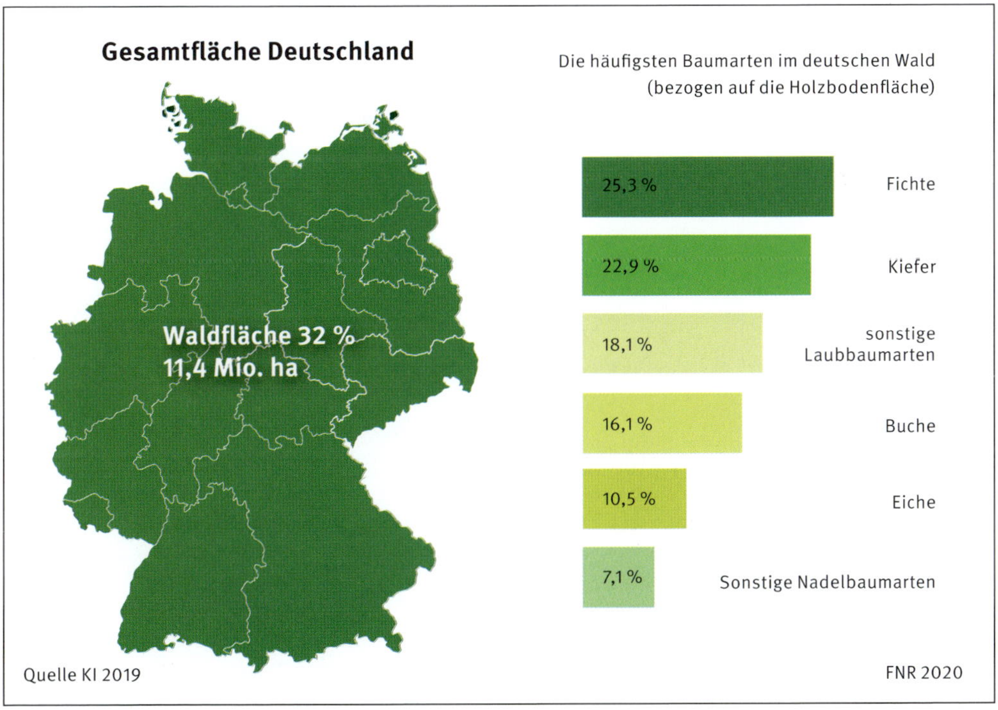


*Abb. 8: Hauptbaumarten im deutschen Wald (Quelle: FNR 2020)*

## ALLESKÖNNER WALD

Der Wald ist für uns Menschen von vielfältiger Bedeutung: So zeigt uns jüngst auch die Klima- und Biodiversitätskrise, dass er von allerwichtigster Bedeutung für den Fortbestand des Menschen ist – durch seine Nutzfunktion, Schutzfunktion, Wohlfahrtsfunktion, Erholungsfunktion und Ökosystemfunktion.

Wald ist Erholungs-, Lebens- und Rückzugsraum. Er ist ein wertvolles Ökosystem, das unzähligen Tieren, Pflanzen, Pilzen und Insekten einen Lebensraum bietet.

Durch Photosynthese produzieren unsere Wälder jährlich tonnenweise Sauerstoff, und binden dabei viele Tonnen Kohlenstoffdioxid ($CO_2$). Überregional gesehen sind die Wälder der Erde die größten Kohlenstoffspeicher. Der Erhaltung dieser Speicher kommt daher eine sehr wichtige Bedeutung bei der Regulation des Klimas zu. Zusätzlich kann Wald Staub und Ruß aus der Luft filtern. Die Luft im Wald ist dank dieser Filterung besonders frisch und sauber.

Zudem liefert uns der Wald den Rohstoff Holz. Holz wächst nach und gilt daher als klimaneutral. Als einer der ältesten Baustoffe mit seinen hervorragenden bauphysikalischen Eigenschaften findet Holz im Hausbau auf vielfältige Art und Weise Verwendung. Auch als energiereicher Brennstoff ist Holz gerade im Alpenraum nicht wegzudenken.

Unserem Wald kommt auch eine wichtige Schutzfunktion zuteil. Wald speichert und

*Abb. 9: Alleskönner Wald* (Quelle: Buchner P. 2024)

reinigt das Wasser, schützt den Boden vor Verkarstung und Erosion und im alpinen Raum schützt er unseren Lebensraum vor Lawinen, Hochwasser, Muren, Hangrutschungen und Steinschlag. Neben all den genannten Aspekten prägen Wälder auch unsere Landschaft und sind damit auch für den Tourismus von Bedeutung.

Zudem rückt der Wald als Stätte der Erholung und Therapieort in den Fokus. Er ist ein beliebter Naherholungsraum, den viele Menschen in ihrer Freizeit zur Entspannung und zum Naturerleben aufsuchen. Wird der Wald mit allen Sinnen bewusst wahrgenommen, so bietet er Ruhe, gute Luft sowie ein angenehmes Mikroklima. Viele Studien belegen, dass sich regelmäßige Waldspaziergänge und Bewegung im Wald positiv sowohl auf die psychische als auch physische Gesundheit des Menschen auswirken.

Also, ab in den Wald!

## WALD IM WANDEL

Auf die Waldentwicklung nahm der Mensch in den letzten zwei Jahrhunderten großen Einfluss. Es wurden vielerorts große Ertragswaldflächen in Form von Monokulturen als „Fichtenplantagen“ angelegt. Diese Wald-Form ist den heutigen Klimaanforderungen mit ihren Wetterextremen kaum mehr gewachsen.

War es in den 1980er-Jahren des letzten Jahrhunderts der saure Regen, der dem Wald schadete, so sind in der Gegenwart vor allem die Trockenheit und Sturmereignisse die großen Herausforderungen. Gerade die letzten Jahre zeigte sich die Anfälligkeit des Waldes bei mangelndem Niederschlag und damit einhergehenden Hitzeperioden. Auf solche Extremwetter-Ereignisse folgte meist ein Schädlingsbefall mit dem Verlust großer Baumbestände, zudem stieg die Gefahr von Waldbränden. Daher muss der Wald der Zukunft belastbar und robust werden, um allen Herausforderungen standzuhalten.

So wird zurzeit in vielen Regionen Europas der Wald auf seine Klimafitness und Resilienz untersucht. Durch Untersuchungen am Waldboden sowie das Miteinbeziehen von Klimadaten können Forscher ableiten, wie sich in den jeweiligen Wäldern die Wuchsbedingungen für verschiedene Baumarten und ganze Waldgesellschaften im „Klimawandel“ der Zeit verändern. So werden in vielen Regionen Versuchsflächen für unterschiedliche Waldtypen angelegt. Dabei gilt es herauszufinden welche Zusammensetzung an Bäumen und Waldgemeinschaften es braucht, um auf den sich mit Rasanz verändernden (Klima)-Kontext zu reagieren.

Viele Experten sind der Meinung, dass es, um den Wald resilienter, klimafit und zukunftsfähig zu machen, eine nachhaltige Waldbewirtschaftung sowie Waldpflege (Waldgärtnerei) und eine auf die jeweilige Region angepasste **artenreiche Mischung** heimischer Baumarten sowie Gastbaumarten braucht.

**Der Wald der Zukunft muss „bunter“ werden!**

Durch die „Streuung“ hitzebeständiger, tiefwurzelnder Laub- und Nadelhölzer erhält man einen widerstandsfähigen Mischwald.

So setzt man beispielsweise bei der Wiederbewaldung der durch Sturm sowie Trockenheit und darauffolgenden Käferkalamitäten verlorenen Waldflächen Osttirols einerseits auf eine standortspezifische Naturverjüngung. Bäume werfen Samen ab und an dem Standort entstehen jene Wälder, die die Natur haben will. Andererseits werden auch hitzeerprobte Tannenarten und die Edelkastanie zur Wiederaufforstung eingebracht (Quelle: ORF Tirol. 2024).

Pechhacker in Kloft et al. (1985, S. 37) wies schon auf die Waldtrachtverbesserung durch Anpflanzung von naturnahen Mischwäldern hin. Die Waldtracht werde dadurch auf zweierlei Weise gefördert. Zum einen werde das Honigtauangebot durch den Anbau verschiedener Laubbaumarten vielseitiger, weil verschiedene Laubbäume zu verschiedenen Zeiten Honigtau bieten. Zum anderen bieten Ahorn, Linde, Eberesche und Edelkastanie auch ein Nektar- und Pollenangebot.

Ich meine, unsere Wälder werden auch in Zukunft nicht untergehen. Gewiss wird sich ihre Zusammensetzung verändern. Mit dem Wandel des Waldes werden auch dessen Begleit-Flora und -Fauna einer Veränderung unterworfen sein. Dadurch wird sich auch das Nahrungsangebot für den Bien verändern. Wandelt sich die Bienenweide heißt das auch eine Veränderung des für die Region typischen Aromas und Geschmacks (Charakters) des Honigs.

## VORAUSSETZUNGEN FÜR EINE HONIGTAUTRACHT

In Fachbüchern werden viele Wirtsbäume mit deren Honigtauerzeugern erwähnt, bei denen der Beflug und die Aufnahme des Honigtaus durch Honigbienen beobachtet wurde. Für die bienenwirtschaftliche Bedeutung reicht dies allein als Maßstab nicht aus. Nur wenn ein Honigtauerzeuger in Massen vorkommt und eine Tracht verursachen kann, kommt es zu einem hohen Eintrag von Honigtau beim Bien, der sich dann sogar sortenrein schleudern lässt. Leider erfüllen nur wenige Honigtauerzeuger diese Bedingungen (Liebig, 1999, S. 15–16)

Damit es zu einer Massentracht gewisser Honigtauerzeuger kommen kann, muss deren Wirtspflanze in großer Anzahl am Wirkort des Biens vorkommen und der entsprechende Honigtauerzeuger immer wieder in Massen auftreten, sodass große Honigtaumengen anfallen.

Die Verbreitung der verschiedenen Honigtauerzeuger ist durch ihre Pflanzenaffinität eng an bestimmte Wirtsbäume gekoppelt.

Als Wirtsbaum beheimatet die Fichte **sechs**, die Weißtanne **drei** bienenwirtschaftlich relevante Honigtauerzeuger.

*Abb. 10: Die verschiedenen Honigtauerzeuger sind durch ihre Pflanzenaffinität eng an bestimmte Wirtsbäume gekoppelt.*
*(Quelle: Buchner P. 2023)*

Dieses Buch stellt die Honigtauerzeuger der **Fichte und Tanne in den Fokus.** Die hier beschriebenen **Pflanzenläuse**[1] zählen zu der Ordnung der Schnabelkerfe (Hemiptera):

- **Schildläuse – Lecanien (Coccina)**
- **Rindenläuse – Lachniden**

Nachfolgend werden alle Honigtauerzeuger (Pflanzenläuse) als Lachniden oder Lecanien benannt. Genauere Erläuterung folgen im Kapitel „Einteilung der Honigtauerzeuger und ihre Namen", S. 39 ff.

Wie zuvor erwähnt, sind die bedeutendsten Wirtsbäume in Mitteleuropa und vor allem im Alpenraum Fichten und Tannen. Was aber nicht heißt, dass es in Regionen mit hohem Lärchen- oder Kiefernanteil zwar seltener, aber doch zu Erträgen von Honigtauerzeugern dieser Wirtsbäume kommen kann. Auch Laubbäume, wie Eiche, Linde, Ahorn, mit ihren Honigtauerzeugern können eine gewisse Ertragsquelle darstellen, sie sind an vielen Orten aber deutlich in der Unterzahl, um große Honigerträge zu erzielen.

Artenreiche und zusammenhängende große Mischwälder, Plenterwälder[2] genannt, die einen Ameisenreichtum vorweisen, bieten ausgezeichnete Voraussetzungen zur Honigtautracht.

So wird durch einen naturnahen Mischwaldbestand, wie zuvor erwähnt, auch die Möglichkeit der Waldtrachtverbesserung geschaffen.

Einerseits wird das Honigtauangebot vielfältiger und der Zeitraum des Honigtauangebotes verlängert sich. „Irgendwo honigt dann immer etwas", sagte einst die österreichische Trachtforscherin Dr. Fossel Annemarie. Andererseits liefern Laubholzarten, wie Ahorn, Linde, Eberesche, auch Nektar und Pollen.

Stehen diese naturnahen Wälder in Tälern und Gräben mit verschieden ausgerichteten Berghängen, gut mit Feuchtigkeit versorgt, und mildem Klima (wenig Ostwind/Bise), so bringen sie sehr gute Bedingungen zur Trachtregion mit.

*Abb. 11: Blick in einen Plenterwald mit zahlreichen, hohen Weißtannen* *(Quelle: Buchner P. 2024)*

[1] Honigtauerzeuger

[2] Ein Plenterwald ist ein nachhaltig bewirtschafteter Hochwald. Er ist ein sich stetig verjüngender Dauerwald, in dem Bäume aller Dimensionen kleinstflächig bis einzelstammweise vermischt sind.

## DIE GRUNDHALTUNG ZUR NATURBEOBACHTUNG

**„Der Mikrokosmos der Honigtauerzeuger erschließt sich nur dem, der sich auf deren Beobachtung einlässt."**

Mit dieser Weisheit, dessen Autor mir unbekannt ist, möchte ich die Grundhaltung für diese Art der Naturbeobachtung beschreiben. Es wird niemand ein erfahrener „Trachtbeobachter", der nicht eine gewisse Freude und das nötige Interesse für dieses Thema mitbringt. Ebenso bedarf es einem theoretischen Vorwissen. Dieses kann man sich mit Literatur und bei Vorträgen aneignen.

Eine weitere Weisheit, die Johann Wolfgang von Goethe zugeschrieben wird sagt:

**„Grau, teurer Freund, ist alle Theorie, und grün des Lebens Goldner Baum."**

Damit ich die Essenz des Themas Waldtrachtbeobachtung umschreiben und auf den Punkt bringen kann, möchte ich dieses Zitat abändern:

**„Grau, teurer Freund, ist alle Theorie, aber entscheidend ist's im Wald."**

Gerade in dem Bereich der Waldtrachtbeobachtung muss ein fundiertes theoretisches Wissen mit der Praxis im Wald zusammengeführt werden. Bei der ganzjährigen Beobachtung kleinster Lebewesen in der jahreszeitlichen Abfolge und dem sich durch Klima und Witterung ver-

*Abb. 12: Die Beobachtung der Honigtauerzeuger ist auf Jungbäumen und an tief beasteten Waldrändern besonders gut möglich.* (Quelle: Buchner P. 2024)

änderlichen Setting bedarf es einer Regelmäßigkeit! Wer nicht stetig in den Wald geht und nach den Honigtauerzeugern Ausschau hält sowie Gesehenes dokumentiert und entsprechend interpretiert, wird nicht das nötige Beobachter-Know-how erlangen.

Eine Evaluation des „Beobachteten" und das In-Bezug-Bringen mit dem erwirtschafteten Ertrag der Trachtregion bringt Ergebnisse. Werden diese Daten mit den Ergebnissen vergangener Jahre verglichen, erlangt man fortwährend die Fähigkeit, treffsichere Prognosen zur Trachtregion erstellen zu können – eine Fähigkeit, die ich „Beobachter-Know-how" nennen möchte.

Die Honigtauerzeuger zu beobachten, ist und bleibt jedes Jahr aufs Neue spannend und interessant. Es macht Freude, die Abläufe in der Natur zu spüren und Zusammenhänge zu erkennen, daher ist es für alle ratsam, in Gebieten, in denen Honigtautracht durch die Fichte und die Weißtanne im Sommer möglich ist, nach bienenwirtschaftlich wichtigen Honigtauerzeugern zu suchen. Wer regelmäßig beobachtet, weiß Bescheid und kann dadurch seinen Honigertrag steigern.

Im Alpenraum hat die Beobachtung der Waldtracht Tradition. Grundlagen und Aufbauarbeit in Österreich leisteten Dr. Fossel und Prof. Pechhacker. In Süddeutschland bildeten sich im vorigen Jahrhundert, initiiert durch Dr. Liebig, in vielen waldreichen Regionen Trachtbeobachtungsgruppen. Angeleitet durch Experten in diesem Bereich erstellten sie ein Netzwerk, das Methoden zur Beobachtung und Prognose entwickelte.

Ich meine, in der Gruppe als Gemeinschaft zu beobachten, macht noch mehr Freude! Viele Augen sehen mehr, noch dazu kann man vom Wissen des anderen profitieren und teilhaben. Durch Beobachtungen lernen!

**Übrigens: Im Wald zu baden, liegt im Trend und ist „in"!**

Studien belegen, dass das Grün und die Ruhe des Waldes entspannend auf uns Menschen wirken. Terpene, das sind Duftstoffe des Waldes, stärken unser Immunsystem. Die sauerstoffreiche, staubarme und klare Waldluft senkt die Herzfrequenz und den Blutdruck. Stresshormone werden abgebaut, die Immunabwehr gestärkt und möglichen Herz-Kreislauf-Erkrankungen entgegengewirkt.

**Daher: „Ab in den Wald, dranbleiben und üben, üben, üben ..."**

# FAUSTREGELN ZUR HONIGTAUTRACHT

So wie es durch die Beobachtungen in der Landwirtschaft Bauernregeln gibt, so finden sich in der Trachtbeobachtung und Imkerei Faustregeln.

Aber Achtung, diese Regeln lassen sich nicht immer festmachen. Außer der Ertragsregel sind Abweichungen durchaus möglich.

## ERSTER SIGNALGEBER – SCHWARZER HOLUNDER

Der schwarze Holunder (*Sambucus nigra*) als phänologische Zeigerpflanze des Frühsommers eröffnet als Signalgeber in jedem Jahr auch das Trachtspektrum des Honigtaues vom „Nadelholz".

> „Blüht der schwarze Holunder, kann die Waldtracht einsetzen"

Diese überlieferte Faustregel wird von Imkergeneration zu Imkergeneration weitergetragen. Das Honigtauangebot auf der Fichte mit der frühen Entwicklung der Großen und etwas später der Kleinen Lecanie überschneidet sich häufig mit dem Aufblühen des schwarzen Holunders.

Heutzutage bewirkt der Klimawandel in niederen und milden Regionen ein schon früheres Einsetzen der Waldtracht. Als Beispiel sei das Jahr 2022 genannt, bei dem in Regionen des Vorarlberger Rheintals schon Tage vor dem Aufblühen des Schwarzen Holders Bienenbeflug auf die Fichte zu beobachten war.

## SCHWANKUNG (ALTERNANZ) IM TRACHTGESCHEHEN

Eine sich oft bewahrheitende Imkerregel besagt, dass auf ein gutes Ertragsjahr ein Fehljahr folgt. Ähnlich der Alternanz im Obstbau ist dieses Phänomen auch bei Lachniden auf der Fichte und Tanne zu erkennen. Erschöpft sich eine ergiebige Lachniden-Tracht, ohne dass sich im Herbst ausreichend eierlegende Geschlechtstiere bilden konnten, fehlen im Folgejahr die Überwinterungseier als Basis für eine weitere Tracht.

## STRENGE WINTER

Lang andauernde, schnee- und niederschlagsreiche Winter wirken sich positiv auf eine kommende Honigtautracht aus. Wintereier von Honigtauerzeugern genießen einerseits durch die Schneedecke einen entsprechenden Schutz vor Fressfeinden (etwa Vögeln), andererseits hat der Schnee auch eine gewisse konservierende Eigenschaft und schützt vor Austrocknung. Ebenso bietet der schmelzende Schnee über einen längeren Zeitraum eine gute Wasserversorgung für den Wald und die Wirtsbäume. Grundwasser und Boden erhalten dadurch notwendige Reserven.

## NIEDERSCHLÄGE ALS BASIS

Trockenheit im Wald über weite Strecken des Jahres wirkt sich nachhaltig negativ auf den ökologischen Zustand der Wirtsbäume und deren Honigtauerzeuger aus. Viele Waldtracht-Experten messen einem feuchten und niederschlagsreichen Frühjahr und Herbst größte Bedeutung zu. Nur wenn der Wirtsbaum mit guten Feuchtigkeitsreserven ausgestattet ist und so aus dem „Vollen“ schöpfen kann, können dies auch die Honigtauerzeuger.

## ERTRAGSREGEL

Um Waldhonig ernten zu können, bedarf es dreier Voraussetzungen.

- Zum einen genügend Wirtsbäume mit Massenbefall von Honigtauerzeugern.
- Als zweitens anhaltend schönes Wetter, welches die Nutzung der Honigtautracht erlaubt.
- Drittens, ein rechtzeitiges Anwandern und Vor-Ort-Sein mit leistungsstarken Bienenvölkern.

**MERKE:**

Es darf auch keine Trachtkonkurrenz in Form einer Blütentracht vorherrschen. Der Bien zieht Nektar dem Honigtau vor!

### FAUST- BZW. GRUNDREGEL

*(Quelle: Waldtrachtvortrag VIV 2022, Buchner P.)*

- **Leistungsstarke Bienenvölker**
  Wenn die Tracht rechtzeitig mit leistungsstarken Bienenvölkern angewandert wird.
- **Passendes Wetter**
  Wenn während des Massenbefalls die Witterung die Nutzung der Honigtautracht erlaubt.
- **Honigtau**
  Wenn sich ein Massenbefall von Honigtauerzeugern entwickelt hat.

# UMWELTEINFLÜSSE AUF DEN ENTWICKLUNGSZYKLUS DER HONIGTAUERZEUGER

Ohne Pflanzen gibt es keinen Nektar und Pollen. Werden Nektar und Pollen von der Pflanze quasi direkt zur Verfügung gestellt, erfolgt die Freisetzung von Honigtau über **Honigtauerzeuger = Pflanzenläuse**. Sie stehen unmittelbar in der Abhängigkeit des Wirtsbaumes. Ist mit dem Aufblühen und späteren Verblühen der Blüten bei Blühpflanzen der Trachtzeitraum für jeden Imker klar definiert, so stellt sich dies beim Massenwechsel der Honigtauerzeuger wesentlich komplexer dar.

Jeder Imker, der sich auf die Beobachtung von Honigtauerzeugern einlässt, tut gut daran, sich Grundkenntnisse im Bereich Pflanzenphysiologie anzueignen, denn ohne Pflanzen geht es auch in diesem Entwicklungszyklus nicht.

Die Wechselbeziehungen der Einflussfaktoren auf die Honigtauerzeuger und deren Lebenszyklus sind komplex und vielgestaltig. Ihre Tragweite ist mitunter groß, daher meine ich, muss ihnen für eine Trachtprognose immer fallbezogen auf den Grund gegangen werden. Denn schnell führen das Auftreten oder Fehlen einzelner Einflussfaktoren zu einem Mismatch[3].

### Standort und Wirtsbaum

Eine zentrale Rolle beim Massenwechsel der Honigtauerzeuger nimmt der Wirtsbaum ein. Der Wirtsbaum steht mit seiner Verwurzelung an einem Standort, der die entsprechende Nährstoffversorgung des Honigtauerzeugers sicherstellt und so seine Entwicklungsgrundlage darstellt. So verschieden die Standorte und Bodenverhältnisse sind, bewirken diese auch verschiedenste Populationsentwicklungen der Honigtauerzeuger. Steht der Wirtsbaum an einem Standort mit guten Lichtverhältnissen und adäquater Wasserversorgung wirkt sich dieser Umstand eben indirekt über den Stoffwechsel des Wirtsbaumes auch auf die Entwicklung der Honigtauerzeuger aus. Standorte, wie Hoch- oder Tieflagen, geschützte Südlage oder kalter Nordhang entscheiden mit über den Zeitpunkt einer Honigtautracht (Spürgin in Schick et al. 1997, S. 142).

### Zentrale Vorgänge im Wirtsbaum vom Austrieb bis zur Verholzung

Spürgin in Schick et al. 1997 (S. 140–141) erläutert die Vorgänge im Wirtsbaum wie folgt. Nährstoffe müssen in Wasser gelöst

3 Unpassende Zusammenstellung = Unausgeglichenheit

und den Wurzeln des Wirtsbaumes zugeführt werden. In den Monaten des Austriebs, von April bis ca. Juli, werden wachsende Triebe durch wasserführende Bahnen (Xylem) und über die Siebröhren (Phloem) mit wichtigen Eiweißbausteinen, Zucker, Mineralstoffen und Spurenelementen von unten nach oben versorgt. Diese Nährstoffe werden von den Wurzeln aufgenommen, stammen von eingelagerten Reserven des Baumes oder werden durch die schon zuvor vorhandenen Nadeln assimiliert (Zucker).

**Dieser nährstoffreiche Siebröhrensaft, auch Phloemsaft genannt, entspricht dem Bedarf der Honigtauerzeuger während ihrer Vermehrungsphase.**

Ist der Austrieb des Baumes abgeschlossen und produzieren die neuen Zweige mit ihren Nadeln selbst genügend Zucker, kommt es zu einem Überschuss an Assimilaten. Dieser Überschuss wird in umgekehrter Richtung von oben nach unten geleitet, bewirkt eine Verholzung der Triebe und es kommt zu Reservestoffbildungen (Stärke) im Baum. Von nun an steht den Honigtauerzeugern zwar zuckerreiche, aber eiweißarme Nahrung zur Verfügung. Sie müssen nun große Mengen an Siebröhrensaft aufnehmen, um ihren Nährstoffbedarf zu decken. Als Folgeerscheinung kommt es zu einer starken Honigtauabsonderung. Zeitlich sollte nun aber die Massenvermehrung und Ausbreitung (Ausbreitungsflug durch Geflügelte) der Honigtauerzeuger weitgehend abgeschlossen sein, damit sich eine Honigtautracht entwickelt!

Zu diesem Zeitpunkt (vor der Sommerdepression) legen Lecanien in ihrer Brutblase bereits Eier ab.

So geht zum Zeitpunkt der stärksten Honigtau-Absonderung ernährungsbedingt die Vermehrungsrate der Honigtauerzeuger massiv zurück. Es kommt zum Zusammenbruch der Population, bei der die Fehl- und Mangelernährung mit Eiweißbaustoffen wohl eine wichtige Rolle spielt. Diese als Sommerdepression bezeichnete Phase verursachte eine eigene Überlebensstrategie bei allen Honigtauerzeugern. So genannte Endosymbionten – Bakterien, die mit dem Honigtauerzeuger in Symbiose leben – erlauben es, diese jahreszeitlich bedingte Notsituation zu überbrücken. Endosymbionten sind in der Lage, den verbliebenen Honigtauerzeugern die fehlenden Substanzen (Cholesterin, Aminosäuren, Vitamine) zu liefern und so deren Überleben zu sichern.

Durch die Veränderung der Ernährung und die erwähnte Ausbildung von geflügelten Tieren mit Ausbreitung auf benachbarte Wirtsbäume kommt es im Falle von Lachniden zur Paarung von Geschlechtstieren. Eierlegende Weibchen bringen durch ihre Eiablage den Jahreszyklus der Lachniden zu Ende. Im Falle der Lecanien bilden sich Wander- und nach Einnistung im Quirl Ruhelarven aus.

Ein erneuter Anstieg des Stickstoffgehaltes im Spätsommer und Herbst bewirkt den Aufbau von Eiweißbaustoffen, die der Baum wohl zur Knospen- und Samenbildung benötigt. Nun findet die überlebende Restpopulation wieder bessere Ernährungsbedingungen vor. Dies führt zu einer Spätvermehrung und Ausbildung von Geschlechtstieren, die letztlich zu einer ausreichenden Wintereiablage und den Fortbestand der Honigtauerzeuger führt.

Lässt man sich selbst diese zentralen Vorgänge im Wirtsbaum als Lebens- und Existenzgrundlage von Honigtauerzeugern durch den Kopf gehen, so kann man sich gut vorstellen, welche Witterungseinflüsse im Zeitfenster der Vermehrung gedeihlich oder schädlich sind. Anders ausgedrückt, bedarf es einer optimalen jahreszeitlichen Verteilung von Niederschlägen, um in der Vermehrungsphase eine Massenvermehrung zu bewirken. Danach aber wird Flugwetter benötigt, um dem Bien den Honigtaueintrag zu ermöglichen.

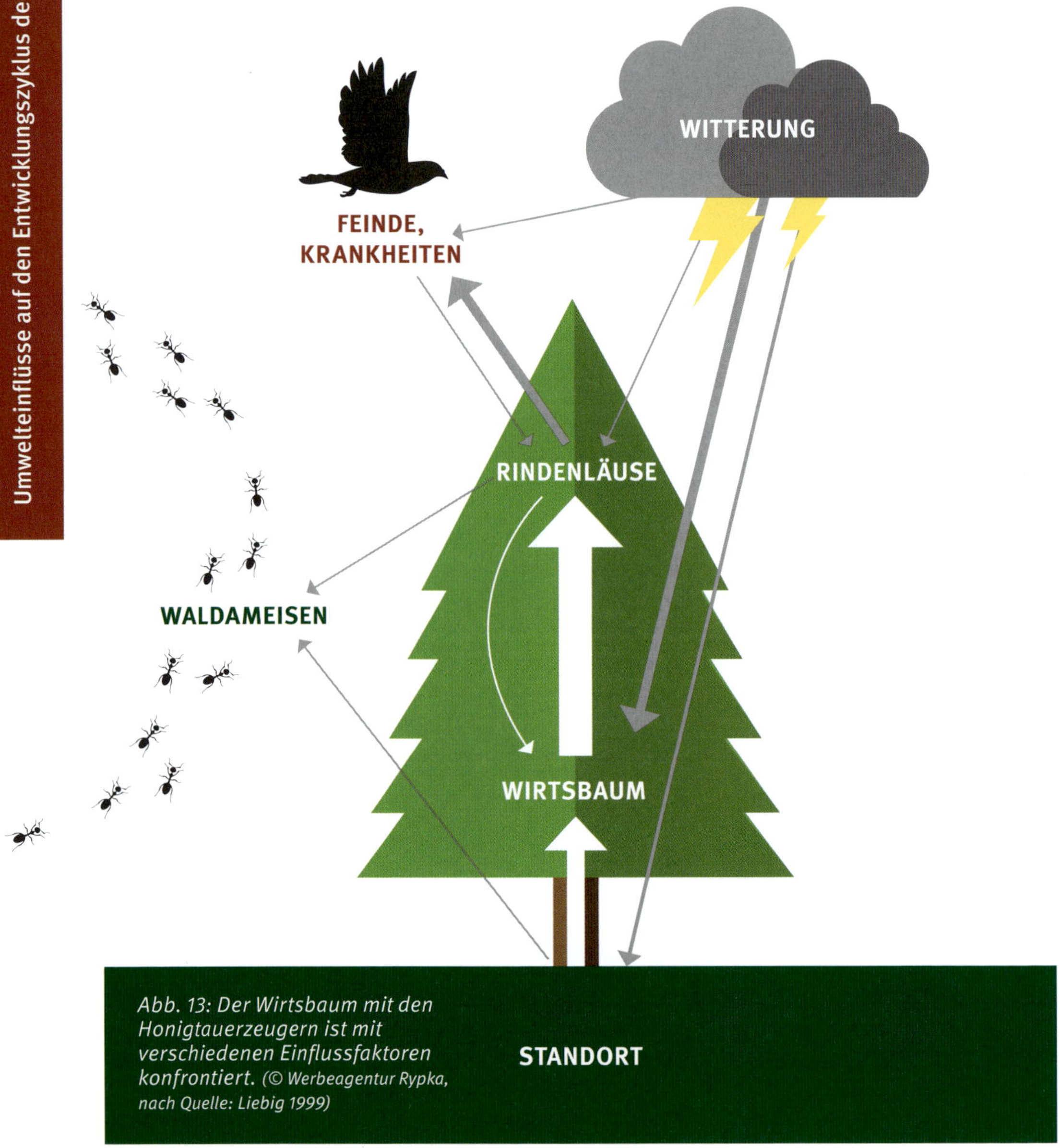


*Abb. 13: Der Wirtsbaum mit den Honigtauerzeugern ist mit verschiedenen Einflussfaktoren konfrontiert.* *(© Werbeagentur Rypka, nach Quelle: Liebig 1999)*

## Klima und Witterung

Die Witterung und klimatischen Bedingungen wirken sich nicht nur indirekt über den Wirtsbaum auf die Vermehrung der Honigtauerzeuger aus, sondern auch direkt als Witterung auf die einzelnen Honigtauerzeuger. Direkte Wettereinflüsse lassen sich leichter nachvollziehen. So sind in Zeiten des **Klimawandels** die Schwankungsbreiten von **Wetterphänomenen** jeglicher Art **sowie starke Temperaturschwankungen** mitunter an der „Tagesordnung".

**Milde Wetterphasen** im Winter und Vorfrühling bewirken einen nicht zeitgerechten, zu frühen Schlupf der Stammmutterlarven von Lachniden. Eigentlich sind Stammmütter sehr robust und können leichte Frost- bzw. Kälteperioden im Bauminneren überdauern. Kommt jedoch nach deren Schlupf der Hochwinter zurück, sodass es zu einer langen massiven Kälteeinwirkung auf die noch kleinen Larven kommt, kann dadurch die beste Ausgangslage schon sehr früh zunichtegemacht werden.

**Warmes und sonniges Wetter** im Spätsommer begünstigt sowohl das Ausschwärmen als auch die Suche der L1-Larven von Lecanien nach einem Quirl als neue Ansitzstelle. Bei den Geschlechtstieren der Lachniden begünstigt schönes mildes Herbstwetter, ein gutes Begattungsergebnis zu erzielen, um eine ausreichend große Wintereiablage zu gewährleisten.

Zur **Honigtauabgabe im Zeitfenster der höchsten Produktivität** sind Wärme und stabiles Wetter wichtig. Ohne Sonne und Wärme kann keine Assimilation stattfinden. Große **Hitze** hingegen bremst die Assimilationsleistung des Wirtsbaumes. **Trockenheit** hat den Nachteil, dass der Honigtau zu harten Perlen oder kristallinen Krusten eintrocknet, welche die Bienen nicht mehr aufnehmen können. Ergiebiger **Regen** bewirkt während der Vermehrungsphase eine Veränderung der Nährstoffzusammensetzung des Siebröhrensaftes. Der Aminosäurenanteil des Siebröhrensaftes nimmt ab, doch dieser erholt sich nach einiger Zeit wieder. **Starker Regen** während der Trachtphase, der den Honigtau abwäscht, nützt dem Bien wenig.

Trotz dem zuvor Genannten wird der direkte Einfluss von **Schlechtwetter** auf die Honigtauerzeuger von vielen Imkern meist überschätzt. Durch starken Regen oder ein schwaches Gewitter kommt die Tracht oft nur temporär zum Erliegen.

Lachniden, die im Bauminneren oder an der Unterseite von Ästen und Zweigen sitzen, sind dadurch sehr gut geschützt. Lecanien mit ihrem „Panzer" kann Regen gar nichts anhaben. Sie können unmittelbar danach sofort wieder den durch Regen abgewaschenen Honigtau ersetzen, wodurch der Beflug des Biens (Blütenstetigkeit[4] = „Lecanienstetigkeit") sofort wieder einsetzen kann. Daher kann manchmal die totgeglaubte Tracht nach einer vorübergegangenen Schlechtwetterphase wieder einsetzen.

**Hagelunwetter mit Sturm**, welche ganze Bäume entblättern und Maitriebe abknicken, führen natürlich zu einem jähen Ende einer Lachnidentracht.

So könnte man sagen: Die als trachtförderlichen Wetterlagen stellen eine Gratwanderung dar. Es soll zumindest während der Trachtphase warm, aber nicht zu heiß, keinesfalls trocken, ausreichend feucht, aber auch nicht zu regnerisch sein. Gottlob ist das Wetter nur einer von vielen Einfluss-

---

4 Eine Biene besucht während eines Ausfluges nur Blüten/Trachtquellen derselben Pflanzenart.

faktoren, sonst würde es wahrscheinlich noch seltener honigen (Spürgin in Schick et al. 1997, S. 141–142).

Auf das optimale Trachtwetter/Milieu wird im Kapitel mit dem Titel „Optimale Honigtau-Trachttage sind ...“, S. 116, eingegangen.

So bewirken bzw. beeinflussen einige Faktoren in diesem „Zusammenspiel“ das Entwicklungsmilieu der Honigtauerzeuger. Wie beim Bien, spielen der Standort, das Klima und die Witterung in der Gesamtheit auch in diesem Entwicklungskontext eine existentielle Rolle.

Daher erscheint es logisch, dass sich durch den Klimawandel mit dessen Wetterextremen dieser Entwicklungskontext verändert. Auch der Wald in seiner jetzigen Form mit hohem Fichten- und Tannenbestand wird sich ändern. Neue Waldformen und Wirtsbäume werden Einzug halten und sich mittel- bzw. längerfristig bewähren müssen. Der Wald der Zukunft muss resilienter, somit bunter werden.

**GRUNDSÄTZE** für den Verlauf einer Honigtautracht

1. **Der Verlauf einer Waldtracht wird weitgehend durch die Entwicklung des Lachnidenbefalls auf Fichte und Tanne und durch das Wettergeschehen bestimmt.**
2. **Die Entwicklung des Lachnidenbefalls auf Tanne und Fichte ist in erster Linie von der Anfälligkeit des Wirtsbaumes für den Lachnidenbefall abhängig.**
3. **Die Anfälligkeit des Wirtsbaumes wird von Standort- und Witterungsfaktoren bestimmt.**
4. **Dabei wird die Tanne stärker von Standortfaktoren (Höhenlage, Geologie, Krankheitszustand) beeinflusst als die Fichte.**
5. **Die Fichtentracht ist zeitlich stärker fixiert als die Tannentracht.**

*Abb. 14: Grundsätze der Honigtautracht nach Liebig (1999)*

## Wirkung von Witterung auf Lecanien und Lachniden

Lecanien und Lachniden[5] unterscheiden sich erheblich in ihrer Lebensweise. So wirken sich meteorologische Einflüsse wie Temperatur, Niederschläge und Wind unterschiedlich auf die Vermehrung und Tracht von Lachniden und Lecanien aus.

Es ist mit einer guten Vermehrung der **Lachniden** während des Austriebes zu rechnen, wenn der Spätherbst (Oktober und November) des Vorjahres mild und feucht war und es dadurch zur Bildung und Einlagerung von Reserven der Wirtsbäume kam. Das Frühjahr sollte sich durch die Abfolge „kalter März – warmer April – kalter Mai und kühler Juni“ auszeichnen.

Einerseits ist bei dieser Witterungskonstellation die Anfälligkeit des Wirtsbaumes für Lachnidenbefall erhöht. Ande-

[5] Honigtauerzeuger

rerseits bewirken Kälteeinbrüche im Mai und Juni eine Stockung des Austriebes und verlängern so die Vermehrungsphase von Lachniden. Dadurch wird die Vermehrung von Lachniden eher indirekt begünstigt als direkt gehemmt (Liebig 1999, S. 164).

Kommt es hingegen durch ein heißes Frühjahr zu einer linearen und kurzen Wachstumsphase des Austriebes, so verholzt dieser schnell. Damit fördern ein heißer April und Mai die Ausbildung von geflügelten Tieren, schlussendlich aber auch einen schnelleren Zusammenbruch deren Populationen.

Bei den **Lecanien** sind die Verhältnisse anders, hierbei müssen nicht nur die Klima- und Witterungsbedingungen für ihre Vermehrung, sondern auch die Umstände für ihr Überleben während ihrer Entwicklung von der Wanderlarve bis zum erwachsenen Tier beachtet werden. So gilt ein trockener August als Grundvoraussetzung und gute Ausgangslage für den Schlupf, das Ausschwärmen und Einnisten der Junglarven. Sie bilden im kommenden Jahr die Grundlage für eine weitere Lecanientracht.

Neben Klima, Witterung und Standort werden nachfolgend noch weitere wesentliche Einflussfaktoren im Entwicklungskontext der Honigtauerzeuger beschrieben.

## Eigene Vermehrungskraft

Fossel in Kloft et al. (1985, S. 66) erwähnt, dass sich Honigtauerzeuger als Pflanzenparasiten in einem engen Zeitfenster bei günstigen Ernährungsbedingungen möglichst schnell vermehren müssen. Dazu verhilft ihnen die eingeschlechtliche Fortpflanzung (Parthenogenese = Jungfernzeugung). Diese ermöglicht eine rapide Fortpflanzung. Spürgin in Schick et al. (1997, S. 139) erwähnt, dass Lachniden schon im Ei-Stadium oder als Tier im Gegensatz zu Lecanien (sieht man von der kurzen Zeit des Ausschwärmens als L1-Larve ab) ständigen Bedrohungen durch Feinde oder der Witterung ausgesetzt sind. So ist dieses ungeheure Vermehrungspotential nötig, um den Nachteil der Bedrohungen auszugleichen. Für die Trachtbeobachtung bedeutet dies aber auch, dass sich Lachniden-Populationen und die damit einhergehende Tracht täglich ändern können, während Lecanientrachten sich aber als sehr stabil erweisen.

*Abb. 15: Rotbraun Bepuderte Fichtenrindenlaus: Stammmutter bei der Lebendgeburt = Parthenogenese (Quelle: Buchner P. 2022)*

So sind durch den anfänglichen Verzicht auf Flügel und Flugmuskulatur höhere Vermehrungsraten möglich. Die aus den Wintereiern schlüpfenden Stammmütter von Lachniden bilden dabei die Grundlage für eine Massenvermehrung. Ihre Vermehrungskraft ist am größten! Ihre **Anzahl im Frühjahr** ist ein wichtiger Einflussfaktor in der Vermehrungskaskade. Gerade bei der Vermehrung der Grünen Tannenrindenlaus ist das Vorhandensein vieler Stammmütter „ein Muss" zur Ausbildung einer trachtrelevanten Vermehrung.

## Feinde

Spürgin in Schick et al. (1997, S. 143) gibt zu bedenken, dass natürliche Feinde die

Aufgabe haben, den Läusebefall zu regulieren, wobei sie natürlich nicht nach nützlichen Honigtauerzeugern und schädlichen Läusen unterscheiden. Die Feinde der Honigtauerzeuger können, wie sie selbst, oft zeitlich versetzt in Massen auftreten, daher zieht ein Massenbefall von Honigtauerzeugern meistens eine Massenvermehrung ihrer Feinde nach sich. Beispielsweise wird nach Honigtautrachten durch Lachniden auch von Marienkäferschwärmen als Folgeerscheinung berichtet.

Eigentlich sind Honigtauerzeuger farblich gut getarnt und an ihre Umgebung angepasst, so ähnelt die Lecanie in ihrer Form einer Knospe oder etwa die Grüne Tannenrindenlaus kann sehr leicht durch ihre Farbe und ihre typische Saugstellung mit einer Tannennadel verwechselt werden. Bei Gefahr können Lachniden über ihre Rückenröhren (Siphonen) ein Sekret absondern, das Angreifer abweisen und Artgenossen warnen soll.

Kloft et al. (1985) setzt die Faktoren Klima und Nahrung gleich mit dem Einfluss der Feinde. Gerade aber im Falle der Lecanien wirkt sich der Faktor Feinde stärker aus. So wird nach einer sehr guten Lecanientracht oft von stark parasitierten Brutblasen berichtet, gemäß Liebig (1999, S. 156) der wohl wichtigste Einflussfaktor beim Massenwechsel der Lecanien.

Hier eine Auflistung tierischer Feinde der Honigtauerzeuger.

- **Vögel:** Spechte, Sperlingsvögel (Meisen, Laubsänger, Kleiber, Goldhähnchen).
- **Säugetiere:** Klettermäuse, Eichhörnchen.
- **Insekten:** Marienkäfer, Ohrwürmer, Laubheuschrecken, Netzflügler (Florfliegen), Hautflügler (parasitierende Schlupfwespen), Schildlaus-Breitrüssler, Wanzen und Spinnentiere.

Gleim (1996, S. 75) gibt als wichtigstes natürliches Feindspektrum räuberische Larven und erwachsene Insekten an. Dabei erwähnt er, dass ein Marienkäfer im Laufe seines Lebens bis zu 3.000 Läuse verzehren kann.

Wespen stellen keine natürlichen Feinde der Honigtauerzeuger dar. Sie haben es, wie der Bien, auf den Honigtau abgesehen. Spürgin in Schick et al. (1997, S. 144) erwähnt, dass Wespen flinker und findiger bei der Suche nach Honigtau sind als Honigbienen. So ist zu beobachten, dass sie kleine Honigtauvorkommen befliegen, für die sich die Honigbiene nicht interessiert. Bei großen Honigtautrachten fallen Wespen durch das Überangebot an Honigtau nicht auf. Ihre Fortpflanzung profitiert ebenso von diesem üppigen Angebot. Meist folgt dann erst nach der Honigtautracht – mit viel Honigtau eine Phase der „Wespenplage“.

*Abb. 16: Marienkäferlarve auf Fichtentrieb*
*(Quelle: Buchner P. 2021)*

*Abb. 17: Von einer Schlupfwespe parasitierte Grüne Tannenrindenlaus. Zurück bleibt eine Mumie als leere Hülle mit dem Schlupfloch.*
*(Quelle: Buchner P. 2022)*

## Freunde – Waldameisen

Über den Einfluss von Waldameisen auf die Waldtracht wurde in der Vergangenheit vieles geschrieben und es gibt durchaus gegensätzliche Meinungen dazu. So wurde durch zahlreiche Wissenschaftler die spezielle **Hegebeziehung zwischen Waldameisen und Honigtauerzeugern (Trophobiose)** untersucht und diese haben in mit Ameisen gut besiedelten Wäldern auch bedeutend mehr Waldhonigertrag festgestellt. So hat Wellenstein (1984, S. 248–249) festgestellt, dass der Besatz von Lachniden im Bereich von Ameisennestern 10- bis 100-mal höher ist als in ameisenfreien Wäldern.

*Abb. 18: Nest der hügelbauenden Waldameise (Quelle: Heller Monika)*

Für Ruppertshofen (1980, S. 112–114) steht fest, dass Waldameisen nicht nur an der Hege und Pflege von Honigtauerzeugern beteiligt sind, sondern auch für die Entstehung einer Waldtracht von entscheidender Bedeutung sind. Er schildert Untersuchungen (Gegenüberstellungen) von ameisenarmen und ameisenreichen Wäldern und den deutlichen Mehrertrag von Waldhonig in ameisenreichen Wäldern.

Liebig (1999, S. 166) schreibt, je mehr Waldameisen, desto mehr Lachniden, umso mehr Aussicht auf Honigtautracht. Er teilt die Meinung von Ruppertshofen aber nicht, dass Waldameisen an der Entstehung einer Waldtracht beteiligt sind.

Gleim (1996, S. 193–200) erwähnt, dass die Trophobiose eine spezielle Form der Symbiose ist, bei der die Honigtauerzeuger (vor allem Lachniden) von den Ameisen gegen Feinde geschützt und vor möglichen Verklebungen mit Honigtau bewahrt werden. Aus dieser trophobiotischen Beziehung erwachsen nicht nur für die Honigtauerzeuger, sondern auch für die Ameisen erhebliche Vorteile. Ameisen gewinnen so direkt an der „Quelle“, sprich an der Laus, Honigtau, Zucker, Aminosäuren, Mineralstoffe und Vitamine, die ihnen als Nahrungsgrundlage dienen. Gleim ist ähnlich wie Ruppertshofen der Meinung, dass Ameisen den Grundstock für eine starke Vermehrung der Lachniden legen. Vor allem Arten der Roten Waldameise (*Formica*) sind sehr bedeutsam.

So wurde auch ich in den 1970er-Jahren als junger Bub von meinem Vater dazu angehalten, die in Schutz gestellten Ameisenhaufen in unserer Trachtregion zu kontrollieren, Verkrautungen zu entfernen und dann und wann mit der frisch ausgeschnittenen Drohnenbrut zu versorgen.

Liebig (1999, S. 164–167) spricht von einer Überbewertung der Hegebeziehung von Ameisen und Honigtauerzeugern. Seine Untersuchungen über den Massenwechsel verschiedener Honigtauerzeuger in Wechselwirkung mit Waldameisen entkräften deren direkten Nutzen. An ameisenreichen und ameisenarmen Standorten wurden dabei über 12 Jahre Beobachtungen getätigt und sowohl in guten als auch schlechten Waldtrachtjahren ergaben seine Aufzeichnungen, dass weder beim Lachnidenbefall noch beim Honigertrag das Vorkommen der Waldameisen eine tragende Rolle spielte.

**Ameisen –**
**Wegbegleiter und Helfer der Waldtracht!**

Waldameisen

- schützen Honigtauerzeuger vor Feinden.
- betreuen die Lachniden bei schwierigen Witterungsbedingungen.
- bewahren die Lachniden vor Verunreinigung mit Honigtau.
- steigern die Nahrungsaufnahme der Lachniden und damit ihre Vermehrung.

*Abb. 19: Waldameisen als Wegbegleiter der Waldtracht! Aus Liebig (1999, S. 166)*

**Doch Waldameisen können Honigtauerzeuger nicht am Leben halten, wenn diese vom Wirtsbaum nicht mehr ausreichend ernährt werden. Ohne Ernährung gibt es keine Vermehrung!**

*Abb. 20: Hegende Ameisen bei einer Population der Grüngestreiften Fichtenrindenlaus*
*(Quelle: Buchner P. 2021)*

Spürgin in Schick et al. (1997, S. 144–145) weist auf den massiven Rückgang sowie deren weitreichendere Bedeutung der hügelbauenden Kleinen Roten Waldameise hin. Er spricht vom bedeutsamen Wirken der Waldameisen bei der biologischen Schädlingsbekämpfung, Samenverbreitung, Lachnidenhege, Bodenverbesserung. Ein weiterer bedeutsamer Nebeneffekt entsteht durch die Honigtauab- und -aufnahme. So wird verhindert, dass es zu Rußtauverpilzungen an den Nadeln kommt. Weniger Rußtauverpilzungen an den Nadeln bedeutet für den Baum bessere Assimilationsbedingungen. Übrigens auch Bienen beteiligen sich so an dieser Schutzmaßnahme, der wenig Beachtung geschenkt wird.

Mein Vater Buchner Alois Wanderlehrer war Schüler von Prof. Pechhacker und bediente sich schon der Findigkeit der Waldameisen. Er verwies darauf: „Wird der Belauf von Wirtsbäumen durch Waldameisen beobachtet, kann mit der Sichtung von Honigtauerzeugern gerechnet werden.“ Oft werden einige Wochen nach dem Schlupf der Lachniden-Stammmütter nur wenige Wirtsbäume von Ameisen belaufen. Wenn aber 3–4 Wochen später zusätzliche Wirtsbäume belaufen werden und die Waldameisen „vollgetankt“ baumabwärts strömen, weist dies auf einen guten Ausbreitungsflug der geflügelten Lachniden hin.

Es besteht ein Zusammenhang zwischen der Zahl der Ameisen, die einen Wirtsbaum belaufen, und der Anzahl der Honigtauerzeuger auf diesem Baum. Je mehr Ameisen einen Wirtsbaum belaufen, desto mehr Honigtauerzeuger sind auf ihm zu finden (Pechhacker in Kloft et al. 1985, S. 21).

So ist in Sachen Honigtautracht neben den vorher erwähnten Einflussfaktoren auch dieser einzelne Einflussfaktor nicht der Schlüssel zum Erfolg.

**MERKE:**

**Fakt ist, dass Waldameisen uns den Weg zu den Honigtauerzeugern zeigen und so die Beobachtung erheblich erleichtern!**

# EINTEILUNG DER HONIGTAU-ERZEUGER UND IHRE NAMEN

Dem Imker, der im Rhythmus der Jahreszeiten sowie in der phänologischen Abfolge der Natur mit dem Bien „mit lebt“, ist meist eine ausreichende botanische Kenntnis gegeben. Viele von uns Imkern (Praktiker) sind keine „gelernten Wissenschaftler“ und so gehen wir bei der Bestimmung der Arten von ihren Wirtspflanzen aus.

Liebig (1999, S. 24) weist darauf hin, dass jedes Lebewesen dieser Erde einen Namen trägt. So auch unsere Honigtauerzeuger.

## WISSENSCHAFTLICHER NAME

Ihr wissenschaftlicher Name stammt meist aus dem Lateinischen oder Griechischen. Dabei werden nahverwandte Arten zu Gattungen zusammengefasst. Die meisten Lachnidenarten gehören der Gattung *Cinara* an.

Der Name einer Art bezieht sich meist auf die Wirtspflanze oder ihr Verhalten und Aussehen. So hat als Beispiel die auf der Fichte *(Picea abies)* lebende Große Fichtenquirlschildlaus den Namen *Physokermes picea*. Ein anderes Beispiel ist die Colorado Tannenrindenlaus „Coloradolaus“ (*Cinara curvipes*), sie bezieht ihren Artnamen von den besonders langen und gebogenen Schienen des hinteren Beinpaars. Diese gaben ihr auch den entsprechenden lateinischen Namen *Cinara curvipes* (*Curvus* = krumm, *Pes* = Fuß).

## DEUTSCHER NAME

Weit einfacher scheinen da die deutschen Namen unserer bienenwirtschaftlich wichtigen Honigtauerzeuger. Ihre Namen sind logisch aufgebaut. Je nach,

- Aussehen der Tiere (Größe und/oder Farbe),
- Wirtsbaum, auf dem sie zu Hause sind (Fichte oder Tanne),
- Laustyp, welchem sie angehören (Rindenlaus oder Schildlaus),

sind sie benannt.

Keine Regel ohne Ausnahme, gerade die Grüne Tannenrindenlaus weicht von diesem dreigliedrigen System ab und wird in der Literatur fälschlicherweise auch als Grüne Tannenhoniglaus bezeichnet.

## UNTERSCHIEDE ZWISCHEN LECANIEN UND LACHNIDEN

Hier sind für die Trachtbeobachtung wichtige Unterschiede zwischen Lecanien und Lachniden angeführt.

Bei Lecanien tritt im Jahresverlauf nur eine Generation auf; so sind es bei Lachniden vier bis sechs Generationen.

Lecanien übersommern im Eistadium und überwintern im Larvenstadium. Lachniden überwintern als Ei, aus ihnen schlüpfen Stammmütter, deren Folgegenerationen werden lebend (Parthenogenese) geboren.

Lecanien sind sesshaft. Sobald sich die Wanderlarven L1 in den Quirlen eingenistet haben, werden sie unbeweglich. So können Lecanien ihren Honigtau nur langsam absondern und nicht wie Lachniden aktiv abspritzen.

Werden Feinde zudringlich, können Lecanien nicht fliehen.

Lachniden können fliehen oder sich mit Fußtritten, zwar oft ohne Erfolg, wehren (Liebig, 1999, S. 24–25).

| | Lecanien | Lachniden |
|---|---|---|
| jährliche Generationenzahl | 1 | bis zu 6 |
| Mobilität | ortsfest | beweglich |
| Einfluss der Witterung | geschützt | empfindlich |
| Überwinterungsstadium | Larve | Ei |
| Bedrohung durch Parasiten | erst nach der Honigtauproduktion | alle Generationen |
| Honigtau-Abnahme durch Bienen | direkt am Quirl | an Nadeln und Zweigen der Umgebung |
| Beobachtung | schwierig | weniger schwierig |
| langfristige Trachtvorhersage | möglich | meist nicht möglich |

*Abb. 21: Unterscheidungsmerkmale von Lecanien und Lachniden (Quelle: Schick et al. 1997, S. 139)*

## DAS ERSCHEINUNGSBILD DER HONIGTAUERZEUGER

Das Aussehen der Honigtauerzeuger im Allgemeinen sei anhand dieser zwei Schemata aus dem Standardwerk *Die Waldtracht und Waldhonig in der Imkerei* Kloft und Kunkel in Kloft et al. (1985, S. 68–70) dargestellt.

Zur wissenschaftlichen Bestimmung und Klassifizierung wird in diesem Schema noch auf die Spitze des Fühlerendgliedes *(Processus terminalis)* und den Hinterfuß mit seinen beiden Gliedern verwiesen.

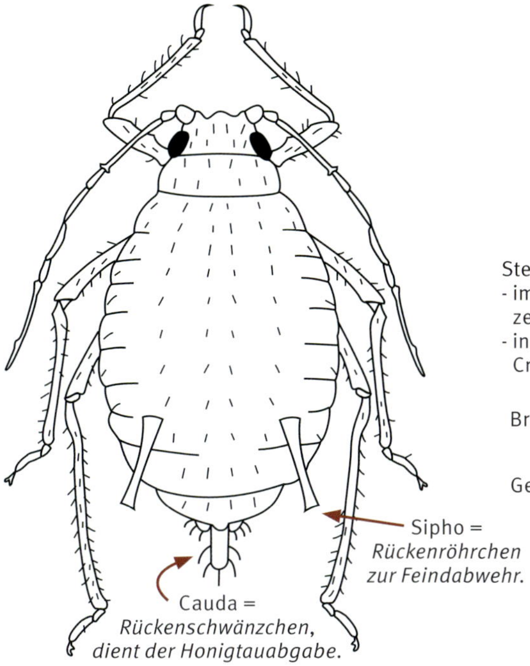


*Abb. 22: Schematische Darstellung einer Lachnide (flügellose erwachsene Röhrenblattlaus)*
*(© Werbeagentur Rypka, nach Quelle: Die Waldtracht und Waldhonig in der Imkerei, S. 70)*

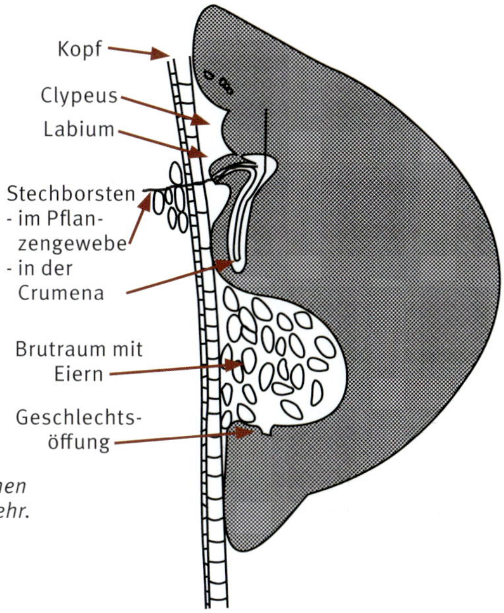


*Abb. 23: Schematische Darstellung einer Lecanie*
*(© Werbeagentur Rypka, nach Quelle: Die Waldtracht und Waldhonig in der Imkerei, S. 68)*

## EIN BISSCHEN TERMINOLOGIE MUSS SEIN …

Liebig (1999, S. 18–20) erläutert in seinem Buch die Terminologie zu den Entwicklungszyklen und der Generationsfolge der Honigtauerzeuger wie folgt.

Um die Lebenszyklen von den nachfolgend genau beschriebenen Rindenläusen (Lachniden) und Schildläusen (Lecanien) verstehen zu können, bedarf es einer kleinen Einführung in die Insektenkunde mit den entsprechenden gebräuchlichen Termini, den Fachausdrücken.

- Stammmütter der Lachniden werden in der Wissenschaft **Fundatrix**, in der Mehrzahl Fundatrices genannt. Sie werden im Vorjahr als Ei (*Ovum* = Ei) von den eierlegenden Weibchen, die daher auch **Oviparen** (*Partus* = Geburt) genannt werden, zur Welt gebracht.
- Stammmütter als auch die ihnen folgenden Generationen gebären ihre Nachkommen lebend, daher werden sie **Viviparen** genannt. Aufgrund dessen, dass sich die Nachkommen der Stammmütter ohne vorherige Paarung fortpflanzen, werden diese auch **Virgines** (Jungfrauen bzw. Jungfern) bezeichnet. Sie werden mit dem Anfangsbuchstaben V und anhand der zeitlichen Geburtsabfolge einer fortlaufenden Ziffer benannt. Somit werden Töchter als V1, die Enkel V2, die Urenkel V3 usw. genannt. Neuerdings hat sich bei der Benennung anstatt des **V** für **Virgine**, ein **F** wie **Filia** (*Filia* = Tochter) etabliert. So werden die aufeinanderfolgenden **filialen** Generationen mit F1, F2, F3 usw. benannt.

- Nicht alle Lachniden-Generationen sind vivipar. Späte Folgegenerationen im Herbst entwickeln sich zu Geschlechtstieren (entweder Männchen oder Weibchen), auch **Sexuales** genannt. Nach deren Kopulation beginnen die Weibchen mit der Eiablage.
- Als letzte Generation der viviparen Virgines werden die Eltern der Geschlechtstiere auch **Sexupares** genannt.

Der gesamte Entwicklungszyklus von Viviparie auf Ovoparie, der bei den Lachniden mit dem Wechsel von **Jungfernzeugung = Parthenogenese** zur zweigeschlechtlichen Fortpflanzung verbunden ist, wird auch als **Holozyklus = Entwicklungsgang mit beiden Geschlechtern** bezeichnet. Die Überwinterung erfolgt in der Regel als Ei. Im Frühjahr des nächsten Jahres beginnt der Zyklus mit dem Schlupf der Stammmütter von Neuem. Damit nicht genug!

Weiters wird zwischen **Holozyklus** und **Anholozyklus** unterschieden, wobei eine Art auch beide Zyklen aufweisen kann. So beispielsweise bei der Mattschwarzen Tannenrindenlaus (Coloradolaus).

**Beim Anholozyklus treten nur Jungfern** auf. Es werden also nur parthenogenetisch Weibchen gebildet. Die Überwinterung (milde Winter) erfolgt dann, wie beispielsweise bei der Mattschwarzen Tannenrindenlaus (Coloradolaus), durch erwachsene Weibchen im Wurzelbereich der Wirtspflanze, die dann im kommenden Frühjahr hervorkommen und sich sofort wieder parthenogenetisch fortpflanzen können.

Artspezifisch für Lachniden ist auch das Auftreten von geflügelten Formen. Sie werden in der Entomologie **Alatae** (*alatus* = geflügelt) bezeichnet. Flügellose Tiere werden **Apterae** *(aptere* = ungeflügelt) genannt.

Während eines Entwicklungszyklus, der sich über ein Kalenderjahr erstreckt, kommt es zweimal zum Auftreten von geflügelten Tieren.

- Im Frühsommer treten neben ungeflügelten Jungfern auch geflügelte Jungfern auf. So ist dies bei manchen Lachnidenarten schon in der F1-Generation, bei anderen erst in der F2-Generation der Fall. Oder beides.
- Im Spätsommer/Herbst bei den Geschlechtstieren (Sexuales) sind die Männchen immer geflügelt, die Weibchen bleiben ungeflügelt.

Über das Ausbilden von Flügeln bei Jungfern gibt es mehrere Thesen. Zwei, die auch Liebig (1999, S. 22–23) erwähnt, sollen hier nur kurz beschrieben werden.

**Platzmangel** in den Kolonien – wie etwa bei der Rotbraunen Bepuderten Fichtenrindenlaus: Wird es am Trieb zu eng, bilden sich durch stetigen Körperkontakt bei einigen Jungfern Flügel aus.

Die zweite These besagt, dass die Flügelbildung durch die **Veränderung des Siebröhrensaftes** ausgelöst wird. So wird angenommen, dass die Flügelbildung induziert wird, wenn der Siebröhrensaft einen **besonders hohen Nährwert** aufweist. Zur Ausbildung von Flügelmuskulatur bedarf es vieler Eiweißbausteine, die im Frühjahr (Austrieb) und im Herbst (Reservenbildung) in der Wirtspflanze strömen. Der Verbrauch an Nährstoffen (Eiweiß) zur Flügelentwicklung geht zulasten der Jungfernproduktion.

Oder aber der **schlechter werdende Nähstoffanteil** im Siebröhrensaft des Wirtsbaumes gibt das Signal, sich Flügel wachsen zu lassen und rechtzeitig eine bessere Nahrungsquelle zu suchen. Bei wirtswechselnden Lausarten kann dies so nachvollzogen werden.

## NAHRUNGSBEREITSTELLUNG DURCH LEITUNGSBAHNEN

Liebig (1999, S. 26–32) erläutert den Stoffwechsel der Bäume wie folgt. Für das Verständnis im Kontext auf den Lebenszyklus der Honigtauerzeuger wird dieser Themenbereich hier etwas ausführlicher behandelt.

So wie alle Pflanzen verfügen Fichten und Tannen über zwei Leitungssysteme. Das ist zum einen das unter der Rinde liegende Phloem (Siebröhren) und zum anderen das tiefliegende Xylem (Wasserleitungsbahnen). Beide Leitungssysteme dienen dem Transport von Nährstoffen. Der Siebröhrensaft wird auch Phloemsaft genannt. Alle bienenwirtschaftlich wichtigen Honigtauerzeuger sind Phloemsauger, so auch die von Fichte und Tanne. Sie haben stechend-saugende Mundwerkzeuge und schlucken den Phloemsaft ihres Wirtsbaumes.

Im Xylem ist nur ein passiver Transport von unten nach oben möglich. Mögliche Nährstoffe für Honigtauerzeuger sind im wässrigen Xylemsaft in weit niedrigerer Konzentration vorhanden als im Phloemsaft und außerdem wegen des in der Tiefe befindlichen Xylem für diese nicht erreichbar.

### Inhaltsstoffe des Phloemsaft

Der Phloemsaft ist ebenfalls eine wässrige Lösung, die aber ein Vielfaches mehr an organischen Substanzen enthält als der Xylemsaft. Im Phloemsaft überwiegt zumeist der für Pflanzen typische Transportzucker Saccharose. Der Zuckergehalt kann im Phloemsaft bis zu 20 % erreichen. Andere organische Stoffe, wie Eiweiße (Aminosäuren) und Amide, die den lebensnotwendigen Nährwert für Honigtauerzeuger ausmachen, kommen in weit niedrigerer Konzentration vor. Sie bewegen sich im Bereich von 0 bis 1 %. So kann 1 % Gedeih, hingegen 0 % Verderb bedeuten.

Im Phloem findet aktiver und gezielter Transport in beide Richtungen statt. Nährstoffe können von unten nach oben und von oben nach unten befördert werden. Die Transportrichtung wird im Wesentlichen davon bestimmt, wo Nährstoffe benötigt bzw. im Überschuss produziert werden.

Solange im Frühjahr der Austrieb stattfindet, ist im wesentlichen „nährstoffreicher“ Phloemsaft zum Triebaufbau nach oben unterwegs. Es herrschen somit sehr gute Vermehrungsbedingungen für Honigtauerzeuger. Ist das Wachstum der Triebe abgeschlossen, so sinkt der Eigenbedarf an Nährstoffen in den Nadeln und Wipfeln der Bäume. Bei guten Assimilationsbedingungen, ausreichender Wasserversorgung und Sonnenschein wird das Phloem nun durchgehend für den Abtransport des Zuckers aus den Nadeln gebraucht. Für den Transport nach oben ist das Phloem dann gesperrt. Zugleich ist mit der Vermehrung der Honigtauerzeuger nun Schluss.

*Wenn das Phloem allein für den Abtransport von Assimilaten in Anspruch genommen wird, dann saugen die Honigtauerzeuger einen Phloemsaft, der nur aus Wasser und Zucker(n) und ein paar Mineralstoffen, insbesondere Kalium besteht. Sie scheiden zwar viel Honigtau aus, können sich aber nicht (mehr) vermehren.* (Liebig, 1999, S. 31)

### Die Bereitstellung der Nahrung (im Detail)

Die von der Wirtspflanze bereitgestellte Nahrung stellt nach Fossel in Kloft et al. (1985, S. 77) den wohl wichtigsten Faktor dar, welcher für den Lebenszyklus der Honigtauerzeuger und damit eine Honigtautracht bestimmend ist. Es wird erwähnt, dass lösliche Stickstoffverbindungen als „Baustein“ im verfügbaren Phloemsaft ein essenzieller Ernährungsfaktor für alle „Pflanzensaftsauger“ und deren Massenwechsel sind. Schwankungen im Nährwert des Phloemsaftes spiegeln sich mit etwas Verzögerung im Vermehrungsverhalten der Honigtauerzeuger wider. Liebig (1999, S. 26) erläutert, dass Honigtauerzeugern nur der Phloemsaft als Nahrungsquelle zur Verfügung steht und sie daher auf Gedeih und Verderb auf ihn angewiesen sind.

Die Zusammensetzung des Phloemsaftes und das Ausmaß der Schwankungen in der jahreszeitlichen Abfolge wird laut Fossel in Kloft et al. (1985, S. 77) von den drei Bereichen **Stress, Sommerdepression und Erschöpfung der Ressourcen** beeinflusst.

### Stress

Störungen im Wasserhaushalt (Regen, Trockenheit) können sowohl durch zu trockenen als auch zu feuchten Boden verursacht werden und führen bei den Wirtspflanzen zu Stress. Dies kann zu einer Änderung des Stickstoffanteils (Nährwertes) des Phloemsaftes führen und verändert dadurch die Vermehrungsbedingungen für Honigtauerzeuger. Als Beispiel: Massiver Sommerregen (kurzfristiger Stress) kann zu einer Ernährungsumstellung des Wirtsbaumes und zum Ende der Tracht führen und so nicht nur direkt auf die Honigtauerzeuger einwirken.

### Sommerdepression

Der Zusammenbruch von Honigtauerzeuger-Populationen wird durch das saisonale Verholzen des Pflanzentriebes und den damit einhergehenden Abfall der Stickstoffverbindungen bestimmt. Kloft et al. (1985, S. 80) erwähnen dies als zweiten wichtigen Bereich bei der Nahrungsbereitstellung der Honigtauerzeuger.

### Erschöpfung der Ressourcen/ Reserven

Der Wechsel von Massenbefall zu wenig Befall (Alternanz) von Honigtauerzeugern an der entsprechenden Wirtspflanze wird von Kloft et al. (1985, S. 81) erwähnt. Dieser These von der Ruhephase und dem erneuten Ressourcenaufbau der Wirtspflanze widerspricht Liebig teilweise (1999, S. 168–170). Er gibt zu bedenken, dass immergrüne Nadelbäume ganzjährig assimilieren können. Sie können daher ihren Assimilationsbedarf beim Austrieb durch die ganzjährig laufende Assimilation der älteren Nadeln decken und sind darum nur bedingt auf die Mobilisierung von Reserven angewiesen.

## Die Stechborsten der Honigtauerzeuger

Pflanzenläuse (= Honigtauerzeuger) sind immer an bestimmte Wirtspflanzen gebunden. Die in diesem Buch beschriebenen zählen zu der Gruppe der Schnabelkerfe (Hemiptera). Napfschildläuse (Lecanien) sowie Trieb- und Rindensauger (Lachniden) warten mit einem auffallend schnabelartigen Mundwerkzeug auf. Dieses wurde hier zur Namensgebung herangezogen.

Die Mundwerkzeuge von Phloemsaugern setzen sich aus der Lippe und dem Stechborstenbündel, das von zwei äußeren Oberkiefern (Mandibeln) und zwei inneren Unterkiefern (Maxillen) gebildet wird, zusammen. Durch diese Anatomie bilden sich zwei Röhren aus, das dünnere Speichelrohr und das dickere Nahrungsrohr. Die Länge der Stechborsten variiert. Je nach Honigtauerzeuger und deren spezifischen Saugort beträgt sie zwischen 1 mm und 10 mm. So bedarf es auf jungen Fichtentrieben eine deutlich kürzere Stechborste als am Stamm einer Tanne. Neben diesen Erklärungen zur Stechborste erklärt Liebig (1999) noch eine Besonderheit.

*Eine Laus wird während ihrer Entwicklung von der Larve zum erwachsenen Tier ständig größer, nicht aber ihre Stechborsten. Diese bleiben ein Lausleben lang so lang wie sie bei der Geburt waren.* (Liebig, 1999, S. 33)

So sind die Stechborsten der Honigtauerzeuger gerade als junge Larve größer als das Tier selbst. Zum Standortwechsel können die Stechborsten unter den Bauch gelegt oder eingerollt werden und am neuen Standort wieder ausgefahren werden.

Beim Einstich dient die Lippe als Führung und die Spitze des Stechborstenbündels wird dabei auf die entsprechende Rindenoberfläche gedrückt. Ein Speicheltropfen, der fest wird, dient als Verankerung. Beim Eindringen in das Rindengewebe scheidet eine Laus ständig Speichel aus, sie setzt neben mechanischen auch chemische Kräfte ein. So dringt sie innerhalb weniger Minuten zum Phloem vor. Auch der Speichel von Honigtauerzeugern, welcher stetig bei der Aufnahme von Phloem über die Stechborste abgegeben wird, beeinflusst die Bereitstellung von Nahrung.

## MERKE:

**Obwohl Honigtauerzeuger über einen Saugmechanismus verfügen, dürfte aktives Saugen kaum nötig sein. Das Phloem fließt von allein aufgrund des in den Siebröhren bestehenden Drucks empor. Daher werden Honigtauerzeuger auch als Phloembibitoren = Phloemtrinker bezeichnet.**

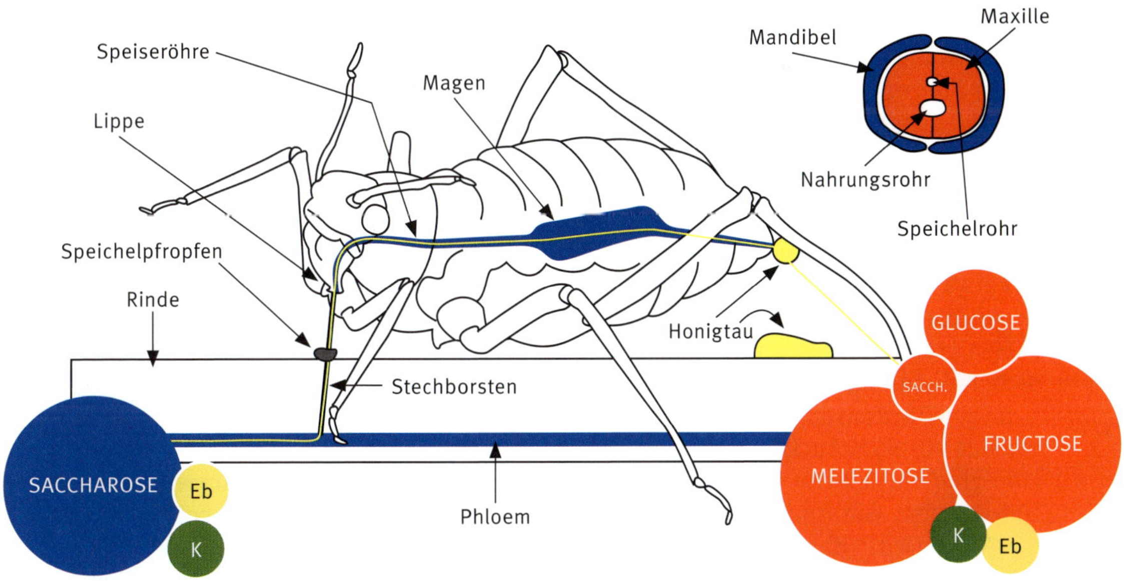


*Abb. 24: Darstellung der Stechborste und des Zuckerspektrums anhand der Großen Schwarzen Fichtenrindenlaus* *(© Werbeagentur Rypka, nach Quelle: Liebig, G. (2003). http://docplayer.org/37245960-Entstehung-beobachtung-prognose-und-nutzung-der-waldtracht.html) Zugriff: 25. April 2022*

# VOM HONIGTAU ZUM HONIGTAU-HONIG – WALDHONIG

*Abb. 25: Eingetrockneter Honigtau auf einem Fichtenzweig* (Quelle: Heller Monika)

## HONIGTAU

Über die Herkunft des Honigtaus wurde, wie eingangs berichtet, lange Zeit gerätselt, ob er tierischen oder pflanzlichen Ursprungs sei. Heute weiß man aber eindeutig, dass er pflanzlichen Ursprungs mit tierischer Beteiligung ist.

Bogdanov, Bieri, Kilchenmann, Gallmann, Dillier, (2007/7, S. 17) erläutern, dass Honigtau eine Zuckerlösung mit unterschiedlicher Konzentration von 5–20 % ist, die von Ausscheidungen pflanzensaugender Insekten, wie Rinden-, Blatt- und Schildläusen, herrührt. Honigtau kann aber bis zu einem Zuckergehalt von 30–60 % eindicken, an trockenen heißen Sommertagen sogar gänzlich eintrocknen. Fichtenzweige wirken dann wie mit Zuckerguss überzogen.

Honigtau ist primär wasserklar, verfärbt sich aber durch die Maillard-Reaktion[6].

In der Trockensubstanz besteht Honigtau aus 90–95 % Zucker. Daneben enthält Honigtau ca. 0,2–1,8 % stickstoffhaltige Substanzen, wie Aminosäuren, Mineralstoffe, Säuren, Vitamine, organische Säuren und sekundäre Pflanzenstoffe.

**MERKE:**

**Der Zuckergehalt beeinflusst entscheidend die Attraktivität des Honigtaus. Je zuckerhaltiger, desto attraktiver ist er für den Bien!**

Um darzustellen, wie ergiebig Honigtau fließen kann, gibt Fossel in Kloft et al. (1985, S. 96) an, dass eine 70- bis 80-jährige Fichte, die gut mit Großen Lecanien besetzt ist, pro Tag 55–70 g, pro Monat 1,5–1,7 kg, pro Trachtsaison 2,5–2,8 kg Zuckertrockensubstanz als Honigtau abliefert.

Eine mit verschiedenen Lachniden gut besetzte 100-jährige Fichte spendet pro Tag ca. 100 g, pro Monat ca. 2,8 kg, pro Trachtsaison ca. 20 kg Zuckertrockensubstanz.

So wurde pro Hektar Mischwald, der gut mit Honigtauerzeugern besetzt ist, eine saisonale Leistung von 500 kg Zuckertrockensubstanz aus Honigtau errechnet.

---

6 Nichtenzymatische Reaktionen von Zucker und Aminosäuren mit Wärmeeinwirkung

## ZUCKERSPEKTRUM DES HONIGTAUS

Die Honigtauerzeuger als „Zwischenorganismus“ verändern den Siebröhrensaft in mehrfacher Weise. Schon bei der Aufnahme wird durch Einwirkung des Speichels und seiner Enzyme eine Veränderung eingeleitet. Kloft et al. (1985, S. 270) schreiben dazu, dass der Siebröhrensaft nach seiner Aufnahme im Verdauungstrakt mit fermenthaltigen Speichel- und Verdauungssäften gemischt wird. Bei vielen Honigtauerzeugern ist der Darmkanal mit einer so genannten „Filterkammer“ ausgestattet. Diese erlaubt dem Honigtauerzeuger, den überschüssigen Teil an Wasser und Zucker auf kurzem Wege am Mitteldarm, dem eigentlichen Verdauungstrakt, vorbeizuschleusen und so direkt in den Enddarm zu leiten, während die für die Entwicklung der zahlreichen Nachkommen benötigten wichtigen Stickstoffverbindungen (Aminosäuren und Amide) den langen Weg über deren Mitteldarm befördert werden.

Der stündliche Durchsatz an Phloem kann bis zu einem Drittel seines Körpergewichtes ausmachen, bei Jungtieren kann es sogar das Körpergewicht weit überschreiten. Welche Menge an Honigtau ausgeschieden wird, hängt einerseits von der Nährstoffversorgung der Wirtspflanze (holzige sind ergiebiger als krautige), der Witterung und andererseits von der Art und dem Entwicklungsstand des Honigtauerzeugers ab. Honigtau wird abgesetzt (Lecanie) oder vor allem von Jungtieren abgeschleudert (Lachniden). Der Wachsfilm am Körper vieler Honigtauerzeuger schützt vor Verklebung durch den zuckerhaltigen Honigtau (Spürgin in Schick et al. 1997, S. 135–136).

Das Phloem erfährt bei der Durchquerung durch den Honigtauerzeuger eine enzymatische Veränderung. Liebig (1999) schreibt dazu, dass die meisten Umbildungsprozesse im Verdauungstrakt der Honigtauerzeuger ablaufen. Die enzymatisch angestoßenen Umbildungsprozesse sind nach Ausscheiden des Honigtaus nicht beendet, sondern laufen weiter, solange dieser noch nicht eingetrocknet ist. Zur angestoßenen Enzymaktivität der Honigtauerzeuger kommen die Enzyme von Mikroorganismen hinzu.

| Gruppe | Fachbegriff | Deutsche Bezeichnung | Zusammensetzung |
|---|---|---|---|
| Monosaccharide oder Einfachzucker | Glukose<br>Fruktose | Traubenzucker<br>Fruchtzucker | Glukose<br>Fruktose |
| Disaccharide oder Zweifachzucker | Saccharose<br>Maltose<br>Trehalose | Rohrzucker<br>Malzzucker<br>Insektenzucker | Glukose – Fruktose<br>Glukose – Glukose<br>Glukose – Glukose |
| Trisaccharide oder Dreifachzucker | Melezitose<br>Erlose | Lärchenzucker<br>„Fruktomaltose“ | Glukose – Fruktose – Glukose<br>Glukose – Glukose – Fruktose |

*Abb. 26: Bezeichnung und Einteilung der im Honigtau hauptsächlich vorkommenden Zuckerarten nach Liebig (1999)*

Als Hauptzucker im Honigtau fungiert unser gewohnter Haushaltszucker = Saccharose.

Die Saccharose als Zweifachzucker (Disaccharide) wird in Einfachzucker (Monosaccharide) oder gar Dreifachzucker (Trisaccharide) umgebildet. Die Zusammensetzung des Honigtaus variiert mit seiner Herkunft. Je nach Honigtauerzeuger und Baumart, von der er stammt, schwankt seine Zusammensetzung beträchtlich, siehe auch im Kapitel „Das Melezitoseproblem", S. 73. Weiters unterliegt die Zusammensetzung auch jahreszeitlichen Schwankungen.

## AUS HONIGTAU WIRD HONIG

Als letztes Glied in der Reduktionskette zum reifen Honig setzt dann die Honigbiene über ihren Speichel beim Sammeln und Bearbeiten dem Honigtau oder Nektar weitere Enzyme zur Reifung hinzu.

Wie der Reifeprozess von der Biene **aktiv** und **passiv** vorangetrieben wird, ist hier beschrieben.

Im Bienenstock angekommen, pumpt die Sammelbiene den gesammelten Honigtau/Nektar aus der Honigblase hoch und übergibt diesen Saft an andere Stockbienen/Honigmacherinnen. Bei der Weitergabe setzen nun auch die Stockbienen/Honigmacherinnen diesem Honigtau/Nektar körpereigene Sekrete/Enzyme zu. Jede Biene in dieser „Reifekaskade" fügt dem Nektar und Honigtau mit dem Speichel körpereigene Enzyme zu, welche die Rohstoffe im Honig verändern. Speichel wird in den Speicheldrüsen produziert, Enzyme vor allem in der Futtersaftdrüse. Bei den Enzymen handelt es sich um Invertase, Diastase, Glukoseoxidase. Diese sind im nachfolgend erläuterten Aufspaltungs- und Reifeprozess (Spaltung von Mehrfachzucker, Umwandlung) sehr wichtig.

Die Enzyme sind empfindlich gegen Hitze und Licht. Deshalb darf Honig nicht längere Zeit über 40 °C erwärmt werden oder dem Tageslicht ausgesetzt werden (z. B. als Honigglas auf der Fensterbank).

Der Vorgang der Honigtau-/Nektar-Weitergabe wiederholt sich mehrere Male im Bienenstock.

Durch diese Futterkette werden diese süßen Säfte eingedickt, wobei zwischen zwei Reifephasen unterschieden werden kann.

### Aktiv-Phase

In dieser **aktiven Phase** pumpen die Honigmacherinnen den Honig langsam aus dem Saugrüssel heraus, lassen ihn an der Unterseite des Rüssels zu flachen Tropfen ausfließen und saugen ihn anschließend wieder ein. Dieser Vorgang wird in schneller Abfolge etwa 15 bis 20 Minuten lang wiederholt. Durch die warmen Temperaturen im Bienenstock verdunstet ein großer Teil des Wassers.

### Passiv-Phase

Ist der Wassergehalt des Rohhonigs auf 40–50 % abgesenkt, hängen die Honigmacherinnen den halbreifen Honig tröpfchenweise in die Wabenzellen und lassen diese offen. In dieser **passiven Phase** der Honigreifung wird weiteres Wasser an die Stockluft abgegeben. Um die wassergesättigte Luft nach draußen zu transportieren, bilden die Bienen ganze Ventilationsketten. Feuchtwarme Luft wird nach außen gefächelt und durch die meist kühlere Außenluft ersetzt. Zur gleichmäßigen Durchlüftung wird der Honig im fast reifen Zustand in andere, meist weiter oben oder hinten liegende Zellen umgetragen.

Wenn er völlig reif ist, werden die Zellen endgültig aufgefüllt und mit einem luftundurchlässigen Wachsdeckel verschlossen. So entsteht eine perfekte „Honigkonserve“ für magere Zeiten (Bienefeld, 2016, S. 104–105).

Ebenso sei erwähnt, dass der Honigtau des Waldes nicht nur dem Bien als Nahrungsquelle dient, sondern eine Vielzahl fliegende und krabbelnde Insekten ernährt. Auch Pflanzen, beispielsweise Moose, Flechten und Pilze im Unterholz, profitieren von den Inhaltsstoffen des Honigtaus.

Verglichen mit den Weltmeeren und übertragen auf unsere regionalen Wälder, darf das energiereiche Substrat Honigtau als „Plankton des Waldes“ bezeichnet werden.

## DER HONIGTAUHONIG – „WALDHONIG“

Honig ist ein reines Naturprodukt und eine Komposition der Natur, **er ist mehr als die Summe seiner Teile** und den natürlichen Schwankungen der Klaviatur seines Umfeldes ausgesetzt. Prinzipiell gibt es nur zwei Formen von „Rohstoffen“, aus denen Honig entsteht. Zum einen ist es Nektar und zum anderen Honigtau.

Für die Honigkomposition entscheidend ist die Wirtspflanze mit dem entsprechenden Honigtauerzeuger im Trachtgebiet. Im Wald beteiligen sich aber auch Nektarlieferanten, wie Himbeere, Brombeere, Faulbaum, oder unter anderem Bäume, wie Ahorn und Linde, an dieser Komposition. Auch sie leisten ihren Beitrag zur Geschmacksnote des Waldhonigs.

Honigtauhonig wird im Sammelbegriff sehr oft als „Waldhonig“ bezeichnet. Per Definition darf diese Bezeichnung verwendet werden, wenn der Honigtauhonig ausschließlich dem Wald entstammt. Waldhonig muss wie jeder andere Honig reif geerntet und sorgsam behandelt werden.

### Zusammensetzung des Waldhonigs

Waldhonig ist eine konzentrierte, wässrige Zuckerlösung mit vielfältiger Zusammensetzung. Nebst dem Hauptbestandteil Kohlehydrate sind Wasser, Mineralstoffe, Stickstoffverbindungen, Aromastoffe und vielerlei Spurenelemente enthalten. Dabei sollte Qualitätshonig generell nicht mehr als 17 % Wassergehalt aufweisen. Der Wassergehalt von Waldhonig ist meist niedriger als von Blütenhonig. Sein pH-Wert liegt zwischen 4,0–5,4.

Die aus einem Baustein bestehenden **Einfachzucker,** Traubenzucker (Glukose) und Fruchtzucker (Fruktose), machen ca. 50–65 % des Gesamtzuckers im Waldhonig aus. Neben diesen Einfachzuckern sind im Waldhonig vor allem noch **Doppel-** und **Mehrfachzucker** enthalten. Doppelzucker, wie Saccharose, Maltose, Isomaltose und Trehalose, Mehrfachzucker, wie Melezitose, Raffinose und Erlose, sowie andere langkettige Zuckerarten. Waldhonig zeichnet sich dadurch aus, dass er einen wesentlich höheren Gehalt an Mehrfachzucker sowie Mineralstoffen aufweist als Blütenhonig (bienen&natur, 2021/1, S. 57).

Bedingt durch den hohen Mineralstoffgehalt der Wald-/Honigtauhonige ist für sie typisch, dass sie eine höhere elektrische Leitfähigkeit als Blüten-/Nektarhonig aufweisen. Die Leitfähigkeit muss mindestens 0,80 mS/cm (Milli-Siemens pro Zentimeter) betragen.

Weiters lassen sich im mikroskopischen Bodensatz von Honigtauhonigen immer Honigtauelemente erkennen. Dies sind Pilzsporen von verschiedenen Rußtaupilzen, die unter dem Mikroskop braun erscheinen, sowie grün scheinende Algenteile.

Durch enzymatische und nicht-enzymatische Bräunungsreaktionen ist die Farbe des Waldhonigs oft dunkel. Verantwortlich dafür ist einerseits die zuvor erwähnte Maillard-Reaktion sowie Polyphenole. Polyphenole übernehmen in der Wirtspflanze wichtige Schutzfunktionen und sind im Waldhonig maßgeblich an Farbe, Geschmack, Geruch und Charakter des Honigs beteiligt (bienen&natur, 2021/1, S. 55).

Honigtauhonige von der Weißtanne bleiben in der Regel sehr lange flüssig. Reiner Weißtannenhonig ist dunkelbraun bis schwarz, manchmal mit einem grünen Schimmer und kristallisiert auch nach einem Jahr noch nicht aus.

Hingegen Honigtauhonige von Fichtenlachniden können durch den deutlich höheren Gehalt von Mehrfachzuckern schon nach einigen Wochen völlig auskristallisieren.

Reiner Lecanienhonig der Fichte besticht durch seine bernstein- bis kastanienrotbraune Farbe und durch die Eigenschaft, dass er länger nicht kristallisiert.

Sensorisch wird der Geruch von Fichten und Tannenhonig karamellartig bis holzig, harzig angegeben.

Die geschmackliche Charakterisierung wird mit malzig bis balsamischen Geschmack beschrieben.

Um Honig schonend zu lagern, sollte er in

- Lagergefäßen (z. B. Edelstahl, Glas, lebensmitteltauglicher Kunststoff), die sauber, lebensmittelecht und luftdicht verschließbar sind, gelagert werden.
- einem geruchsneutralen Lagerraum mit niedriger Luftfeuchtigkeit (unter 60 %), der dunkel, sauber und eine Temperatur von unter 15 °C aufweist, gelagert werden.

Moosbeckhofer (2023, S. 130) rät überhaupt, so wie Pechhacker (1985, S. 38), zur Tiefkühllagerung. Durch Einfrieren bleibt Honig in seiner Konsistenz konstant, es laufen dabei keine (kaum) chemischen Prozesse mehr ab. Qualitätshonig, im Glas eingefroren, kristallisiert nicht und dehnt sich dabei nicht aus, sodass selbst Honiggläser nicht springen.

Länderspezifische Richtlinien und Honigverordnungen regeln die präzise Deklaration des geernteten Honigs.

Um eine richtige Sortenhonigbezeichnung vornehmen zu können, wird der Imker kaum um eine Laboruntersuchung umhinkommen.

# DIE FICHTE
# *(PICEA ABIES)*

*Abb. 27: Aussehen der Fichte und ihrer Zapfen*
*(Quelle: iStock.com/Grafissimo)*

Die Fichte wird wegen ihrer rötlich gefärbten Rinde im Alpenraum auch als „Rottanne“ bezeichnet. Sie ist nicht nur in Österreich, sondern in großen Teilen Europas nach wie vor eine der wichtigsten Baumarten für die Wald- und Forstwirtschaft. Ihr Verbreitungsgebiet erstreckt sich vom Nordskandinavischen Raum über weite Teile Nord-, Mittel- und Osteuropas bis hin zum gesamten Alpenraum. Ihr helles Holz ist gut bearbeitbar und wird als tragendes Bauholz, aber auch im Innenausbau oder als Brennholz und nicht zuletzt in der Papierindustrie genutzt. Durch ihre vielfältige Verwendbarkeit ist sie ein „Tausendsassa“. Daher wird sie auch als Brotbaum bezeichnet.

Die flach wurzelnde Fichte wurde noch im vorigen Jahrhundert in Rein- bzw. Monokulturen gepflanzt. Ihr Massenvorkommen durch plantagenartiges Pflanzen erleichtert die flächige Ausbreitung der Honigtauerzeuger. Ihre flache Verwurzelung macht sie anfällig für Windwurf und Trockenheit. Durch ihren hohen Anspruch an die Wasserversorgung beschert ihr der Klimawandel mit den einhergehenden Trockenphasen immer öfter Trockenstress. Eine darauffolgende Vitalitätseinschränkung macht sie anfällig für Schädlinge (Borkenkäfer) und mindert die Wuchsleistung. Ihre Nadeln sind spitz und um den ganzen Zweig herum angeordnet. Ihre Samenzapfen hängen nach unten.

Als Mischwaldbaum ist sie sehr oft mit Weißtanne, Buche und Bergahorn vergesellschaftet und wird so auch sicher nicht zur Gänze aus unseren Wäldern verschwinden (Quelle: Stiftung Unternehmen Wald, 2023).

Für uns Imker hat die Fichte als Wirtsbaum der sechs bienenwirtschaftlich wichtigsten Honigtauerzeuger große Bedeutung! Nachfolgend werden zwei Schildlausarten und vier Rindenlausarten genauer beschrieben. In der Literatur wird ihre Bedeutung uneinheitlich bewertet. Liebe Imker und Interessierte, ich fordere Euch auf, seid neugierig und findet selbst heraus, welcher Honigtauerzeuger der Fichte im Umfeld Eurer Bienen der wichtigste ist.

*Abb. 28: „Die Fichte sticht, die Tanne nicht!“* *(Quelle: Buchner P. 2023)*

# DIE SECHS BIENENWIRTSCHAFTLICH WICHTIGSTEN HONIGTAUERZEUGER DER FICHTE *(PICEA ABIES)*

## Werteskala der Fichte

| Baum | Honigtauerzeuger | Wissenschaftliche Bezeichnung | Bedeutung |
|---|---|---|---|
| Fichte | Rotbraune Bepuderte Fichtenrindenlaus | *Cinara pilicornis* | +++++++++ |
| Fichte | Große Schwarze Fichtenrindenlaus | *Cinara piceae* | +++++ |
| Fichte | Kleine und Große Fichtenquirlschildlaus (Lecanie) | *Physokermes hemicryphus / piceae* | +++++ (Kleine)<br>++ (Große) |
| Fichte | Stark Bemehlte Fichtenrindenlaus | *Cinara costata* | ++ |
| Fichte | Grüngestreifte Fichtenrindenlaus | *Cinara piceicola* | + |

*Abb. 29: Werteskala der Honigtauerzeuger auf der Fichte nach Liebig (1999)*

Die Bedeutung eines Honigtauerzeugers wird nach Liebig (1999) mit der Menge an Kreuzen angegeben. Je mehr Kreuze, desto wichtiger ist der Honigtauerzeuger. Meine persönliche Meinung ist, dass es bei der Bedeutung von Honigtauerzeugern regional große Unterschiede gibt.

Die Bedeutung ändert sich regional mit dem Vorherrschen des entsprechenden Wirtsbaumes.

Jeder Imker kann bzw. soll sich durch langjährige Trachtbeobachtung eine auf seine Trachtregion angepasste, „individuelle“ Werteskala erstellen.

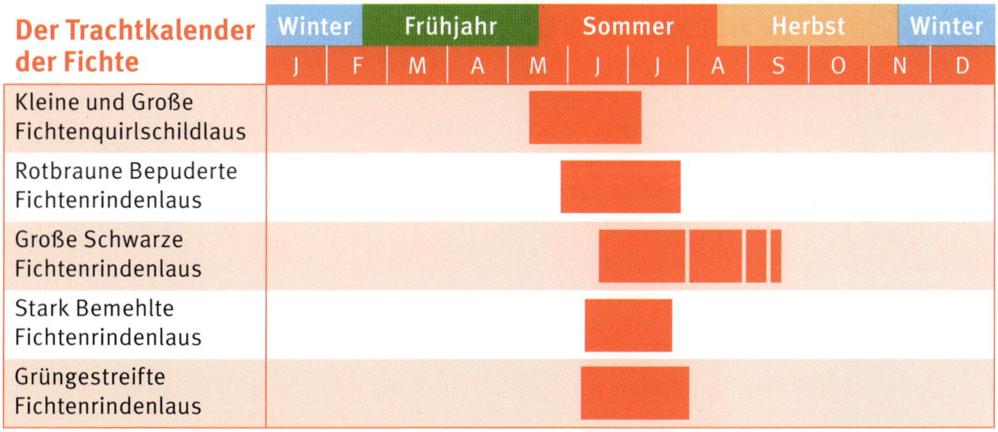


*Abb. 30: Trachtkalender der fünf wichtigsten Honigtauerzeuger der Fichte nach Liebig (1999)*

## FUND- BZW. SIEDELORTE DER WICHTIGSTEN HONIGTAUERZEUGER AUF DER FICHTE

- *Rotbraune Bepuderte Fichtenrindenlaus*
- *Große Schwarze Fichtenrindenlaus*
- *Stark bemehlte Fichtenrindenlaus*
- *Kleine/Große Lecanie*

*Abb. 31: Das Wissen um den Siedelort ist Voraussetzung für eine erfolgreiche Beobachtung der Honigtauerzeuger.*

## DIE LEBENSWEISE UND GENERATIONSFOLGE DER KLEINEN LECANIE *(PHYSOKERMES HEMICRYPHUS)* UND GROSSEN LECANIE *(PHYSOKERMES PICEAE)*

In vielen Fichtenregionen steht die kleine Lecanie als Trachtquelle an oberster Stelle. Ich bin mit der väterlichen Imkerei in einer Fichtenregion aufgewachsen, daher ist sie auch bei meiner persönlichen Bewertung der Honigtauerzeuger die klare Nummer eins!

Einerseits ist eine Prognose frühzeitig möglich, andererseits ist diese ortsfeste Schildlaus durch Beobachtung leicht zu finden. Wenn sie Honigtau absondert, wird sie von eingeflogenen, blütensteten Sammelbienen wie eine Blüte immer wieder beflogen. Sammelbienen holen hier den abgesonderten Honigtau direkt beim Honigtauerzeuger! Im Gegensatz zum abgespritzten Honigtau von Lachniden, welcher von den Sammelbienen an den Nadeln oder am Astwerk mühsam aufgenommen werden muss.

Von großem Vorteil ist ihr fixer Sitz und damit ihre Witterungsunempfindlichkeit. In der Periode des Honigtauausscheidens waschen starke Regenfälle zwar den Honigtau an der Lecanie ab, aber schon am nächsten trockenen Flugtag können eingeflogene Sammelbienen wieder frisch ausgeschiedenen Honigtau erhaschen.

Waagstockzunahmen an Spitzentagen von 4–6 kg sind dabei keine Seltenheit.

Obwohl sie ein Honigtauerzeuger der Fichte ist, entsteht aus ihrem Honigtau kein Melezitosehonig, sondern feinster bernsteinfarbener bis kastanienroter und somit gut schleuderbarer Fichtenhonig.

Die nachfolgende Beschreibung der Kleinen Lecanie ist an die von Liebig (1999) angelehnt.

## Aussehen

Die Kleine und Große Fichtenquirlschildlaus (Lecanie) lebt auf der Fichte. Nur weibliche Individuen sind für die Tracht von Bedeutung. Anders als bei den Lachniden tritt im Jahr nur eine Generation auf, die als Larve und nicht wie bei den Lachniden als Ei überwintert.

Bei der Großen Lecanie sind erwachsene Weibchen etwa 5–8 mm, bei der Kleinen ca. 2–5 mm groß. Je nach Entwicklungsstadium sind die heranwachsenden Brutblasen in verschiedenen Brauntönen gefärbt. Honigende Tiere sind rotbraun, die reifen Brutblasen hellbraun, abgestorbene Brutblasen dunkelbraun bis grau.

| Merkmal | Kleine Fichtenquirlschildlaus | Große Fichtenquirlschildlaus |
|---|---|---|
| Größe der Wanderlarven | ca. 0,5 mm | ca. 0,8 mm |
| Größe der ausgewachsenen Weibchen | 2–5 mm | 5–8 mm |
| Fundort | schwachwüchsige lamettaartige Zweige im Bauminneren im unteren Baumkronenbereich | starkwüchsige Zweige im Wipfel- bzw. Kronenbereich in der Peripherie des Baumes |
| Saugort | fast ausschließlich im Quirl | nicht nur im Quirl, kann auch ungeschützt auf der Rinde vorkommen |

*Abb. 32: Unterscheidungsmerkmale der Fichtenquirlschildläuse nach Liebig (1999)*

**STECKBRIEF**
*GROSSE LECANIE*
**Größe:** 5–8 mm große zweihöckrige Blasen
**Aussehen:** Die heranwachsenden Brutblasen sind in verschiedenen Brauntönen gefärbt, honigende Tiere sind rotbraun, die reifen Brutblasen hellbraun, abgestorbene Brutblasen dunkelbraun bis grau.
**Fundort:** meist im Quirl (nicht immer) von vorjährigen Trieben, gerne an jungen starkwüchsigen Fichten
**Trachtbeginn:** je nach Höhenlage ab Ende April

*Abb. 33: Steckbrief Große Lecanie*

**STECKBRIEF**
*KLEINE LECANIE*
**Größe:** 2–5 mm große zweihöckrige Blasen
**Aussehen:** Die heranwachsenden Brutblasen sind in verschiedenen Brauntönen gefärbt, Brutblasen werden oft erst durch das Ausscheiden eines Honigtautropfens sichtbar.
**Fundort:** unter den Schuppen der Fichtenquirle, schwachwüchsiger Zweige von großen Traufichten
**Trachtbeginn:** je nach Höhenlage ab Ende Mai

*Abb. 34: Steckbrief Kleine Lecanie*

*Abb. 35: Honigbiene bei der Aufnahme von Honigtau von einer Kleinen Lecanie* *(Quelle: Buchner P. 2022)*

## Fundort und Entwicklungszyklus

Die weiblichen Larven der Kleinen Lecanie siedeln sich unter den Schuppen der Fichtenquirle schwachwüchsiger Zweige von großen Traufichten an. Die Großen Lecanien sind oft an jungen starkwüchsigen Fichten zu finden. Siedlungsort ist dort nicht immer, aber meist der Quirl.

Im darauffolgenden Frühjahr bilden die Larven ihre kurzen Beine zurück, häuten sich und beginnen mit der Nahrungsaufnahme. Herausquellende Wachswollhaare (Engelshaare/Wolle) verraten dann ihren Sitz unter den Quirlschuppen.

*Abb. 36: Kaum sichtbare, aber üppig Honigtau spendende Kleine Lecanie* *(Quelle: Buchner P. 2017)*

*Abb. 37: Engelshaar/Wolle „wächst" aus dem Fichtenquirl.* *(Quelle: Buchner P. 2024)*

*Abb. 38: Sehr guter Besatz der Kleinen Lecanie! Fotografiert am 18. Mai 2022 in 450 m Seehöhe mitten im Rheintal* *(Quelle: Buchner P. 2022)*

*Abb. 39: Engelshaare/Wolle verraten den Sitz einer werdenden Lecanie.* *(Quelle: Buchner P. 2022)*

Die heranwachsenden Blasen wachsen in einem Zeitraum heran, in dem der Phloemsaft seinen höchsten Nährwert aufweist. Anfangs weich und weiß entwickeln sie die Brutblasen innerhalb von 3 bis 4 Wochen. In dieser Zeit wird sehr viel Pflanzensaft aufgenommen, um an die Eiweißbausteine zu gelangen. Diese ermöglichen eine Expansion auf die bis zu 500-fache Größe der Ausgangslarve (Spürgin in Schick et al. 1997, S. 137).

Die Kleinen Lecanien wachsen zu etwa stecknadelkopfgroßen, die Großen Lecanien zu kirschkerngroßen, rotbraunen Blasen heran.

*Abb. 40: Eingehüllt in Engelshaaren/Wolle, durchschimmernde Lecanie* (Quelle: Buchner P. 2023)

Je nach Höhenlage und Standort kann die Große Lecanie schon Ende April Honigtau absondern. Zu diesem Zeitpunkt wird durch die Trachtkonkurrenz der Frühjahrsblüte der Honigtau der Großen Lecanie von Sammelbienen meist nicht aufgespürt und beflogen. Ebenso können zu diesem Zeitpunkt Kälteperioden den Bienenflug unmöglich machen. Zu einem etwas späteren Zeitpunkt und räumlich von der Trachtkonkurrenz getrennt, kann sie aber durchaus Waagstockzunahmen bewirken.

*Abb. 41: Honigtautropfen bei einer Kleinen Lecanie* (Quelle: Buchner P. 2023)

*Abb. 42: Honigende Große Lecanie am 4. Mai 1999 auf 600 m Seehöhe. Durch einen Kälterückschlag (siehe Schnee) ist Bienenflug zum Zeitpunkt der Aufnahme unmöglich.* (Quelle: Buchner P. 1999)

*Abb. 43: Als gäbe es nur diesen einen Quirl. Sechs zirkulär sitzende Lecanienblasen der Großen Lecanie an einem Quirl* (Quelle: Fink Christian 2023)

*Abb. 44: Große Lecanie mit Honigtautropfen*
*(Quelle: Lässer Vinzenz 2023)*

Drei bis vier Wochen nach der Großen Lecanie, zum Zeitpunkt der Schwarzen Holunderblüte im Mai bis Juni, fällt Honigtau von der wesentlich wichtigeren Kleinen Lecanie an. Sie ist, wie erwähnt, wesentlich kleiner, so wird ihre Brutblase oft erst durch das Ausscheiden eines Honigtautropfens sichtbar. Schon beim Heranwachsen der Lecanien aus der Quirlschuppe ist die Honigtauausscheidung im vollen Gange. Die Bienen sollten zu diesem Zeitpunkt schon auf dem Wanderplatz stehen, da die entscheidenden Trachttage oft zu Beginn der Lecanientracht sein können.

Im Anschluss an die Periode des Honigtauausscheidens bilden sich in deren Körper einige Hundert Eier aus. Zwischen Anfang August und Mitte September schlüpfen aus den Eiern der Brutblasen rot-

## Jahreszyklus von Lecanien

*Abb. 45: Jahreszyklus von Lecanien* *(© Werbeagentur Rypka, nach Quelle: Liebig, G. (2003). http://docplayer.org/37245960-Entstehung-beobachtung-prognose-und-nutzung-der-waldtracht.html) Zugriff: 25. April 2022*

braune Wanderlarven[7]. Diese mit drei Beinpaaren ausgestatteten Larven verlassen bei günstiger Witterung (24–28 °C) über deren Analspalt die Brutblase. Bei Regen bleibt die Analspalte jedoch geschlossen. In der Ausschwärmphase streben die Wanderlarven zuerst dem Licht zu, um danach wieder die Dunkelheit im sicheren Quirl zu suchen. Durch Wind findet ihre Ausbreitung mitunter über weite Strecken statt. Manche Larven tragen einen kleinen Wachswollfaden mit sich, der sie wie ein Segel kurzfristig durch Windbewegungen trägt und in tieferliegende Bereiche auf Zweige und Äste führt. Ebenso können Spinnennetze als Pfade zur Weiterverbreitung dienen. Dabei suchen sie meist in den jüngsten Fichtenquirlen Unterschlupf. Im neuen Quirl angekommen, häuten sich die Wanderlarven im Herbst zur Zweitlarve (L2-Larve). Nun bleiben die Zweitlarven in ihrem Quirl und nehmen nur ganz selten einen Ortswechsel vor, etwa aus Platzmangel, wenn in einem Quirl mehrere Zweitlarven zu finden sind. Somit ist der Entwicklungszyklus abgeschlossen und beginnt wieder von vorn (Liebig,1999, S. 42–46).

*Abb. 46: Drei Lecanienlarven am freigesetzten Fichtenquirl: Zwei „Sesshafte“ nebeneinander, bei der oberen „Beweglichen“ sind sogar die dünnen Beine zu erkennen.* (Quelle: Buchner P. 2024)

Laut Kloft (1985, S. 164) kann sich die Kleine Lecanie auch ohne Begattung, rein parthenogenetisch, fortpflanzen, sodass die Paarung wohl ohne Bedeutung für die Entwicklung der Nachkommen ist. Ruppertshofen (1980, S. 123) beschreibt die Paarung der Großen und Kleinen Lecanien Larven wie folgt:

*Zu Beginn des Maies schlüpfen die geflügelten Männchen aus den Larvenhüllen aus. Sie sind gut ein Millimeter groß und suchen die Lecanienweibchen auf. Diese wenn sie begattet sind, wachsen sehr schnell auf das Doppelte ihrer Jungfergröße aus.*

Fossel, A. (1963, S. 3) erwähnt, dass die Männchen der Großen Lecanien in der Nähe des Quirls als Larve auf einer Fichtennadel überwintern.

*Abb. 47: Freigesetzter Fichtenquirl mit L2-Ruhelarve (Weibchen, Bild Mitte) und einer L2-Larve (Männchen) an der Basis einer Fichtennadel* (Quelle: Buchner P. 2024)

[7] Als L1 werden die sich in Bewegung befindlichen Larven und als L2 die schon sesshaft gewordenen Überwinterungslarven bezeichnet.

## Populationsdynamik

Einer kurzen Phase der Vermehrung mit der Produktion der Eier in den Brutblasen und einem somit steilen Anstieg der Populationsdichte folgt eine längere Phase der Sterblichkeit, in der die Populationsdichte kontinuierlich abnimmt.

Die Gründe für diesen Abstieg liegen einerseits bei Parasiten, die durch ausgeschiedene Honigtautropfen angelockt werden und die festsitzende, unbewegliche Lecanie parasitieren, andererseits fallen viele Wanderlarven in der Ausschwärmphase, bedingt durch schlechte Witterung und Wind, auf den Waldboden und können sich so nicht in den Quirlschuppen ansiedeln. Lecanienpopulationen können durch erwähnte Gründe nahezu ausgelöscht werden (Liebig, 1999, S. 47–50).

## Beobachterfazit und Methodik

Bei der Lecanie tritt pro Jahr nur eine Generation auf, daher kann deren Vorkommen bzw. Befallsgrad der Quirle schon im Zeitraum **Oktober bis Februar** an schwachwüchsigen Zweigen von Fichten beurteilt werden.

Dazu rät Spürgin (1997), es sollen in drei verschiedenen Bereichen eines Standortes etwa zehn Fichtenzweige (ca. 50 x 50 cm) schwachwüchsiger, schütter benadelter Zweige älterer „Trauffichten“[8] abgeschnitten werden. Zweige, die von der Kleinen Lecanie bevorzugt befallen werden, hängen „lamettaartig“ nach unten. Die mit mind. 20 jungen Quirlen besetzten Zweige werden nach Standort gebündelt und beschriftet. Zu Hause können die Zweige an einem schattigen Ort im Freien gelagert

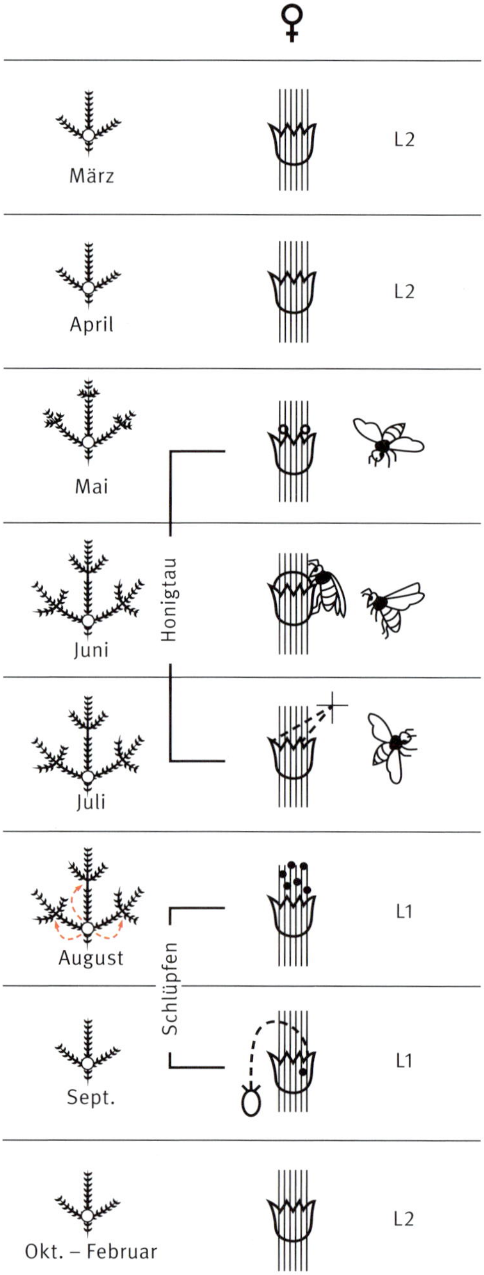


*Abb. 48: Schematischer Jahresablauf der Entwicklung von Fichtenlecanien nach Fossel* (© Werbeagentur Rypka, nach Quelle: Die Bienenweide 1997, S. 138)

[8] Ältere Fichte mit „lamettaartigen“ Zweigen

und bei Gelegenheit untersucht werden. Je Standort sollte eine vorher festgesetzte Anzahl an Zweigen und Quirlen kontrolliert werden, um so auch vergleichbare Werte zu ermitteln.

Durch ein Mikroskop oder eine stark vergrößernde Lupe (Binokular) lassen sich bei guten Lichtverhältnissen die F2-Larven auszählen.

**Bei 20 % befallenen Quirlen ist mit einer guten Tracht zu rechnen.**

*Abb. 49: Freilegen des Quirlgrundes mittels Lupe und Lanzette* (Quelle: Buchner P. 2024)

## Vorgehensweise

Man lege dazu einen der jüngsten Quirle eines Zweiges über den Zeigefinger und hält ihn mit Daumen und Mittelfinger fest. Nun biegen sich die Quirlschuppen etwas auf. Dadurch lassen sie sich durch eine Pinzette leicht zurückklappen oder mit einer Lanzette entfernen. Mit der Lupe sucht man nun nach rosa- bis fleischfarbenen ca. 0,5 mm kleinen Lecanienlarven. Meine persönliche Erfahrung ist, dass viele Larven oft schon im oberen Drittel des Quirls sitzen. Im Anschluss dreht man den Zweig um und inspiziert die Rückseite des Quirls. Wird man fündig, legt man die Fundstelle unters Mikroskop und zählt alle Larven aus. Macht man diese Form der Lecanienkontrolle das erste Mal, sind Zweige mit unversehrten alten Brutblasen als „Anzeiger“ am geeignetsten, um schnell fündig zu werden (Spürgin in Schick et al., 1997, S. 151).

*Abb. 50: Endgültiges Larvenzählen am Mikroskop* (Quelle: Buchner P. 2024)

**Eine Trachtprognose ist so frühzeitig möglich!**

Diese Untersuchungsmethode ist etwas zeitaufwändig, lässt sich aber bei einem Wintertreffen der Trachtbeobachter einer Region (Verein, Waldtrachtbeobachtergruppe) zusammen mit der Wintereiauszählung (von gewonnenen Weißtannenzweigen) der Grünen Tannenrindenlaus „Buchneria“ bei gutem Licht und entsprechendem Equipment durchführen. Wird der L2-Larvenbesatz an den Wander-Standorten jedes Jahr ermittelt und mit dem dazugehörigen Honigertrag der Standorte dokumentiert, so lässt sich mit dem Vergleichen dieser Ergebnisse über mehrere Jahre eine „Kennzahl“ ermitteln, ab der sich ein Anwandern lohnt.

Um Flurschaden zu vermeiden und gerade Anfängern ein besseres Kennenlernen zu ermöglichen, empfiehlt es sich, **ab Mitte April** (siehe Faustregel 1, S. 28) unter fachkundiger Führung eines erfahrenen Trachtbeobachters nach heranwachsenden Brutblasen der Großen und etwas später der Kleinen Lecanien zu suchen. Für erfahrene Imker versteht es sich von selbst, dass vor dem Anwandern eines Standortes eine erfolgreiche Waldbegehung und mitunter ein Waagstock Aufschluss über die Ertragschancen gibt.

Zielgerichteter Bienenbeflug lässt sich freien Auges oder unter Zuhilfenahme eines Fernglases gut beobachten. Durch die zeitgleiche Beobachtung der Tageszunahmen an einem Waagstock können das Ausmaß und die Intensität dieser Tracht dokumentiert werden. Erträge von 20–30 Kilogramm bernstein- bis kastanienrotbrauner Lecanienhonig pro Wirtschaftsvolk liegen durchaus im Bereich des Möglichen.

Eine zweite Methode zur Trachtprognostik, bei der mit Leim bestrichene Glasplatten vor dem Schlüpfen der Wanderlarven in den Wald gelegt werden, ist mit sehr hohem Materialaufwand verbunden und mühsam. Das Vorgehen dieser Glasplattenmethode ist für den „Durchschnitts-Trachtbeobachter/Imker“ kaum realisierbar und wird daher hier nicht beschrieben.

## Alternanz und Trachtergiebigkeit

Wie zu Beginn dieses Kapitels erwähnt, ist die Lecanientracht witterungs-unempfindlich und erstreckt sich über einen Zeitraum von 3 bis 4 Wochen. Ist die Honigtau-Absonderung bei Lecanien weitgehend wetterunabhängig, so bedarf es doch einer trachtflugtauglichen Witterung.

Äußerst günstig wirkt sich eine Regenwetterphase vor der Honigtauausscheidung der Kleinen Lecanie aus. Die dadurch optimale Nähstoffversorgung erhöht die Trachtergiebigkeit. Ein zu diesem Zeitpunkt voll ausgebildeter Maitrieb liefert dazu die beste Assimilationsleistung. Die Kleine Lecanie honigt dann so stark, dass der Honigtau, wenn er eine Größe von 3 mm überschreitet, an den Zweigen herunterrinnt. Trockenheit vermindert die Honigtauproduktion (Nöbl, 2021, S. 1).

Befindet sich das Trachtgebiet der Kleinen Lecanie in einem engen Talkessel, so können zu Beginn sonnige Hanglagen, danach folgend die schattigen, kühlen Hanglagen honigen. So bewirkt das Mikroklima in dieser diversen Trachtregion, dass sich das Zeitfenster der Tracht um 1–2 Wochen verlängert.

Meine Erfahrung ist, dass sich ein Lecanientracht-Rekordjahr durch ein dezentes Trachtjahr zuvor ankündigt. Ebenso folgt selten einem Rekordjahr der Kleinen Lecanie ein dezentes Trachtjahr, um darauffolgend für ein bis zwei Jahre fast ganz von der Trachtbildfläche zu verschwinden.

Ähnlich äußert sich auch Dipl. Ing. Nöbl Horst in seinem 2021 veröffentlichten Trachtbericht:

*Die Lecanie honigt immer in drei aufeinanderfolgenden Jahren, selten sind es auch vier Jahre. Regelmäßig folgen dann ein Nulljahr und darauf wieder ein Dreijahresblock. In Ausnahmefällen verschiebt sich dieser Rhythmus durch eine starke Lachnidentracht, wenn diese in ein Null- oder Erstjahr fällt, weil danach noch einmal ein Nulljahr folgt. Im Erstjahr ist die Lecanienanzahl noch gering, besonders in der Niederung. Mehr Lecanien gibt es in höheren Lagen und da vor allem im Ameisenbereich.* (Nöbl, H. 2021, S. 1)

Nöbls langjährige Beobachtungen in Salzburg schildern den Beginn eines Lecanien-Tracht-Zyklus in den Höhenlagen um 1.200 m mit zwei guten Folge-Trachtjahren in allen Höhenlagen.

Meine Beobachtungen in der Region mittleres Rheintal (Vorarlberg) haben aber auch schon Umgekehrtes gezeigt. Ein dezentes Erstjahr in den Niederungen des Rheintals, darauffolgend ein Rekordjahr bis über 1.200 m hinauf sowie ein ausschleichendes Trachtjahr in nicht allen Regionen/Zonen bildet den Abschluss eines Lecanientracht-Zyklus.

Zur Vervollständigung möchte ich erwähnen, dass Große und Kleine Fichtenlecanien manchmal auch auf der Weißtanne zu finden sind. Das Vorkommen auf der Weißtanne ist extrem selten und geht meist mit einer Massenvermehrung-Lecanientracht auf der Fichte einher. Die Entwicklung findet zeitgleich mit der auf der Fichte statt.

**MERKE:**

**Viele Große Lecanien sind ein Vorzeichen, sie kündigen als Vorbote meist auch eine gute Tracht der Kleinen Lecanie an.**

## DIE LEBENSWEISE UND GENERATIONSFOLGE DER ROTBRAUNEN BEPUDERTEN FICHTENRINDENLAUS *(CINARA PILICORNIS)*

Die Rotbraune Bepuderte Fichtenrindenlaus ist der Honigtauerzeuger mit dem größten Vermehrungspotential. Stammmütter und F1 können bis zu 100 Nachkommen produzieren. Gerade für Anfänger der Trachtbeobachtung sind ihre großen Kolonien in den frischen Maitrieben einfach zu finden. So einfach dieser Honigtauerzeuger zu finden ist, umso schwerer ist die Bewertung und Einschätzung des Trachtgeschehens in seinem Gesamtkontext.

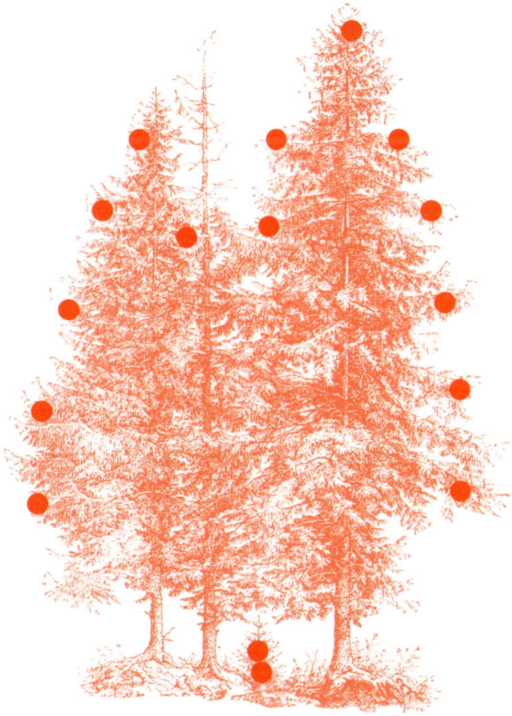

### Aussehen

Liebig (1999) beschreibt diesen Honigtauerzeuger folgendermaßen. Die Rotbraune Bepuderte Fichtenrindenlaus ist eine Lachnide und sie lebt ausschließlich auf der Fichte. Die 3–5 mm großen erwachsenen Tiere sind geflügelt und ungeflügelt, sie sitzen saugend zwischen den Nadeln an der Rinde. Erwachsene Tiere und Larven sitzen meist in Gruppen und besitzen eine rotbraune bis rosafleischfarbene Grundfarbe. Helle Wachsausscheidungen geben ihnen ein bepudertes Aussehen. Ein besonderes Kennzeichen sind zwei wachsfreie und deshalb rotbraun erscheinende Längstreifen am Rücken.

*Abb. 51: Typisches Aussehen einer Rotbraun Bepuderten Fichtenrindenlaus mit ihren Töchtern* *(Quelle: Buchner P. 2019)*

**STECKBRIEF**
*ROTBRAUNE BEPUDERTE FICHTENRINDENLAUS*
**Größe:** 3–5 mm groß
**Aussehen:** rotbraune Grundfarbe mit Wachsauscheidungen (bepudertes Aussehen), zwei wachsfreie Längsstreifen am Rücken
**Fundort:** Stammmütter und F1 (Primärkolonie) auf vorjährigen Trieben, F2 und Folgegenerationen von 10–100 Tieren (Sekundärkolonien) auf Maitrieben von Jung- und Altfichten.
**Trachtbeginn:** Je nach Höhenlage ab Anfang Juni

*Abb. 52: Steckbrief der Rotbraunen Bepuderten Fichtenrindenlaus*

## Fundort und Entwicklungszyklus

Die Rotbraune Bepuderte Fichtenrindenlaus besiedelt bevorzugt starkwüchsige Zweige. Für den Trachtbeobachter sind die Baumkronen größerer Fichten schwer erreichbar, deswegen tut man gut daran, starkwüchsige Zweige von gut besonnten Jungfichtenbeständen abzusuchen.

Die Rotbraune Bepuderte Fichtenrindenlaus überwintert als Ei. Die Eier werden meist einzeln, selten zu zweit, auf die Nadeln des diesjährigen Triebes gelegt.

Je nach Standort schlüpfen zwischen Anfang März und Mitte April die Stammmutterlarven aus den überwinterten Eiern. Diese Stammmutterlarven sind etwa 1 mm groß.

*Abb. 53: Sieben Stammmütter der Rotbraunen Bepuderten Fichtenrindenlaus mit frisch abgesetzten Larven-Jungfern F1 nach dem Übertritt vom Vorjahrestrieb auf den frischen Maitrieb (Pinselstadium). Einige Larven befinden sich noch am Vorjahrestrieb.* *(Quelle: Buchner P. 2022)*

Erster Siedlungsort sind die Nadelzwischenräume der Unterseiten von vorjährigen Trieben. Nach 4–6 Wochen sind die Stammmütter erwachsen. Als erwachsene Tiere sind die Stammmütter etwas größer sowie dunkler gefärbt als ihre Nachkommen und weisen oft noch keine Bepuderung auf. Sie bleiben ungeflügelt, vermehren sich lebendgebärend ohne Begattung. Je nach Witterungsverlauf und Standort treten die ersten Töchter (F1-Generation) zwischen Mitte April und Anfang Mai auf, noch bevor die Fichten mit dem Austrieb begonnen haben. Töchter und Stammmütter bilden gemeinsam auf den vorjährigen Trieben Kolonien. Diese so genannten **„Primärkolonien“** können je nach Fruchtbarkeit und Anzahl der Stammmütter 20–100 Tiere stark werden.

*Abb. 54: Primärkolonie der Rotbraunen Bepuderten Fichtenrindenlaus* (Quelle: Wolf Elisabeth 2024)

Die F1 brauchen 3–4 Wochen, bis sie erwachsen sind und sich dann ebenfalls ohne Begattung vermehren. Von der F1 entwickeln sich ca. 10–20 % zu geflügelten Tieren. Die ersten Nachkommen der F1 werden zwischen Mitte und Ende Mai geboren. Zu diesem Zeitpunkt kann man bis zu drei Generationen in den Kolonien vorfinden: Stammmütter, F1- und F2-Generation. Die starke Vermehrung der F1 lässt die Primärkolonien auf mehrere Hundert Tiere anwachsen. Wenn der ursprüngliche Platz der vorjährigen Triebe zu klein wird, dehnen sich die Kolonien auf benachbarte vorjährige Triebe aus.

## Jahreszyklus von Lachniden

*Abb. 55: Jahreszyklus von Lachniden* (© Werbeagentur Rypka, nach Quelle: Liebig, G. (2003). http://docplayer.org/37245960-Entstehung-beobachtung-prognose-und-nutzung-der-waldtracht.html) Zugriff: 25. April 2022

Erreicht der Maiaustrieb der Fichte das so genannte „Pinselstadium“, übersiedeln die gesamten Primärkolonien in diese frischen Maitriebe. Nach zwei bis drei Wochen sind die F2 erwachsen und entwickeln sich zu etwa 70 % zu geflügelten Tieren. Deren **Ausbreitungsflug** findet je nach Höhenlage der Region Anfang bis Mitte Mai statt. Sie siedeln einzeln oder in kleinen Gruppen in den frischen Maitrieben und setzen dort ihre Larven der F3-Generation ab. Je nach Anzahl und Vermehrungstätigkeit der geflügelten Tiere können diese **„Sekundärkolonien“** bis zu 100 Tiere stark werden. Ab diesem Zeitpunkt können große Honigtaumengen anfallen, die zu starken Waagstockzunahmen führen können.

*Abb. 56: Geflügelte F2 der Rotbraunen Bepuderten Fichtenrindenlaus nach dem Ausbreitungsflug beim Gründen einer Sekundärkolonie*
*(Quelle: Buchner P. 2019)*

Nach 2–4 Wochen lösen sich die Sekundärkolonien auf, dabei sterben die meisten Tiere. Ein Teil der F3 Generation bildet eine F4-Generation, bei der es sich um Geschlechtstiere handelt, von denen nur die Männchen geflügelt sind. Überwinterungseier legende Weibchen, erkennbar an einem weißen Wachswollring auf deren Hinterleib, trifft man schon Mitte Juli bis in den September hinein an (Liebig, 1999, S. 64–68).

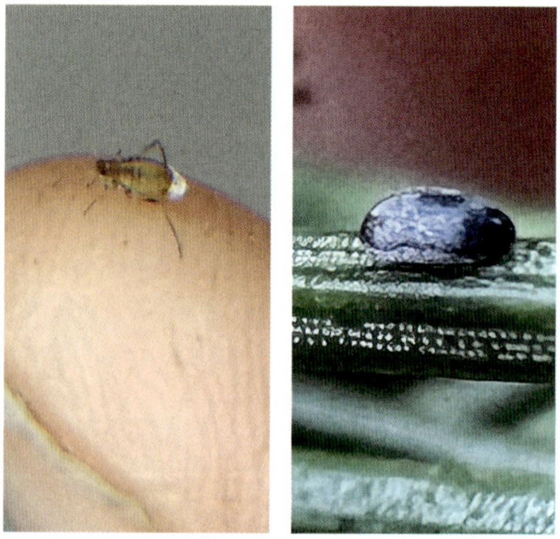

*Abb. 58: Geschlechtstier (Sexuales) und Ei der Rotbraunen Bepuderten Fichtenrindenlaus*
*(Quelle: Buchner P. (links) und Heller Monika (rechts))*

*Abb. 57: Blick in die Kolonie*
*(Quelle: Buchner P. 2023)*

*Abb. 59: Mehrere von Ameisen gehegte Geschlechtstiere (Sexuales) der Rotbraunen Bepuderten Fichtenrindenlaus. Gut erkennbar ist der weiße Wachswollring am Hinterleib der Weibchen.* *(Quelle: Buchner P. 2023)*

## Populationsdynamik und Massenwechsel

Liebig (1999) weist daraufhin, dass der Massenwechsel der Rotbraunen Bepuderten Fichtenrindenlaus vor allem durch die Vermehrungstätigkeit von Stammmüttern, F1- und F2-Generationen bestimmt wird. Er gibt auch zu bedenken, dass Überwinterungseier und in weiterer Folge Stammmütter nur sehr schwer zu finden sind und es mangels Messungen im Freiland unmöglich ist, eine mögliche Tracht dadurch frühzeitig zu beurteilen.

Je nach Höhenlage und Witterungsverlauf beginnen die Stammmütter zwischen Mitte April und Anfang Mai mit der Larvenproduktion. In der bis zu 4 Wochen dauernden Vermehrungsphase kann eine Stammmutter bis zu 100 Nachkommen zur Welt bringen. Erwachsene F1 sind genauso fruchtbar wie ihre Mütter. Schlussendlich kann eine Stammmutter bis zu 10.000 Enkel hervorbringen, bei schlechten Vermehrungsbedingungen aber auch deutlich weniger. Die Fruchtbarkeit der F2-Generation ist deutlich niedriger. Die zumeist geflügelten F2-Tiere setzen in den rasch verholzenden Maitrieben 5–20 F3-Larven ab. Mit deren Auftreten erreicht die Populationsdichte der Rotbraunen Bepuderten Fichtenrindenlaus je nach Region (Höhenlage) gegen Mitte Juni und Anfang Juli ihr Maximum.

Das Populationsmaximum hält sich nur für einen Zeitraum von 2 bis 3 Wochen und fällt nach dem Verholzen der Maitriebe zusammen, was zumeist das Trachtende bedeutet.

*Abb. 60: Populationsmaximum am Maitrieb knapp vor dem Verholzen* *(Quelle: Buchner P. 2022)*

## Beobachterfazit und Methodik

Laut Liebig (1999) muss größtes Augenmerk der Populationsdynamik der Rotbraunen Bepuderten Fichtenrindenlaus geschenkt werden, ihrer **Beobachtung** und **laufenden Beurteilung** kommt bei der Entstehung eines Massenbefalls und Tracht das größte Gewicht zu.

So sollen

- die **Anzahl und Entwicklung der Primärkolonien,**
- der **Ausbreitungsflug der F2**
- und auch die **Anzahl und Entwicklung der Sekundärkolonien** beobachtet werden.

Durch die Beobachtung und Beurteilung der Primärkolonien (Anzahl der Tiere) kann die Fruchtbarkeit der Stammmütter, der F1 und F2 beurteilt werden. Unter Berücksichtigung des Witterungsverlaufs und der Beobachtung des Ausbreitungsfluges lässt sich der Zeitpunkt der Tracht beurteilen. Schlussendlich kann durch Ermittlung des Befallsgrades (Stärke der Sekundärkolonien) der Fichten nach dem Ausbreitungsflug die Intensität der Tracht beurteilt werden. Durch ihr großes Vermehrungspotential kann sich unter günstigen Vermehrungsbedingungen aus einer geringen Stammmutterzahl eine ertragbringende Population aufbauen. Umgekehrt können von vielen Stammmüttern durch schlechte Bedingungen, wie beispielsweise eine lange Regenperiode beim Ausbreitungsflug der F2, kaum trachtrelevante Populationen entstehen. So ist das Trachtgeschehen dieses Honigtauerzeugers (bzw. aller Lachniden) einer permanenten Veränderung unterworfen. Will man die Trachtaussichten bewerten, bedarf es einer steten Neueinschätzung.

**Eine Prognose ist daher nur kurzfristig möglich!**

## Vorgehensweise

Ab April kann die Suche nach **Primärkolonien** beginnen. So sollen pro Standort die erwähnten Beobachtungen der Rotbraunen Bepuderten Fichtenrindenlaus an mindestens 30 Jungfichten, die zumeist freistehend etwa 2–6 m hoch sind, stattfinden. Bei einer sehr guten Befallsdichte sollten nahezu alle Maitriebe der Jungfichten (**Sekundärkolonien** Juni bis Anfang Juli) mit Populationen zu 100 Tieren und mehr besiedelt sein.

Eine reine Fichtentracht durch den Massenbefall der Rotbraunen Bepuderten Fichtenrindenlaus ist sehr witterungsanfällig. Liebig (1999) hingegen schildert, dass Regen den Lachniden, welche sich peripher außen am Baum befinden, wenig ausmacht. Obwohl sie der Witterung mehr exponiert sind als die anderen Lachnidenarten, die im inneren Bereich der Fichte leben, finden sie zwischen den Nadeln auf

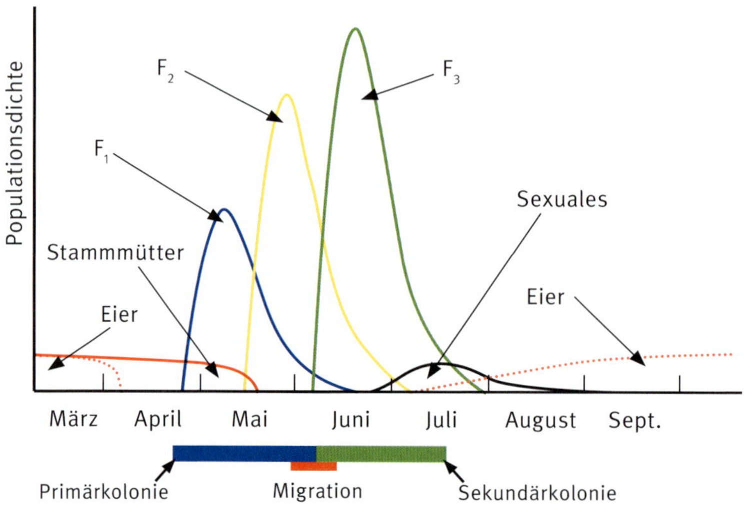


*Abb. 61: Die Populationsdynamik der Rotbraunen Bepuderten Fichtenrindenlaus* (© *Werbeagentur Rypka, nach Quelle: Liebig, G. (2003). http://docplayer.org/37245960-Entstehung-beobachtung-prognose-und-nutzung-der-waldtracht.html) Zugriff: 25. April 2022*

der Unterseite der Maitriebe bei Regenwetter ausreichend Schutz.

**Nicht so der ausgeschiedene Honigtau!** Dieser wird durch entsprechend starken Regen abgewaschen und es bedarf je nach Befallsdichte wieder einige Tage, bis sich erneut so viel Honigtau auf den Nadeln angesammelt hat, dass er zu deutlichen Waagstockzunahmen führt.

Bei der Rotbraunen Bepuderten Fichtenrindenlaus kann etwa jedes zweite Jahr mit einem Massenbefall und einer möglichen Honigtautracht gerechnet werden.

## DIE LEBENSWEISE UND GENERATIONSFOLGE DER GROSSEN SCHWARZEN FICHTENRINDENLAUS „MELEZITOSELAUS“ *(CINARA PICEAE)*

Diese größte Fichtenlachnide (große Unbekannte) wartet mit mehreren Besonderheiten auf. Zum einen kann sie Melezitosehonig liefern, der sich nur sehr schwer schleudern lässt, zum anderen sind bei Massenbefall Bienenbeflug und Waagstockzunahmen selbst bei leichtem Regen zu beobachten. Ihr geschützter Sitz im Bauminneren, im Wipfelbereich und an der Unterseite armdicker Äste macht es möglich, dass der abgesonderte Honigtau (Honigtaupfützen) vom Regen kaum bis gar nicht erreicht wird.

### Aussehen

Die Große Schwarze Fichtenrindenlaus ist laut Liebig (1999) mit anderen auf der Fichte lebenden Lachniden nicht zu verwechseln. Die Körperlänge der erwachsenen Tiere ist 5–7 mm. Die schwarzen bis orange-schwarzen Beine ragen dabei über den schwarz glänzenden Körper hinaus.

*Abb. 62: Geflügelte Große Schwarze Fichtenrindenlaus am Stamm einer Fichte* (Quelle: Buchner P. 2023)

**STECKBRIEF**
*GROSSE SCHWARZE FICHTENRINDENLAUS*
**Größe:** 6–7 mm groß
**Aussehen:** schwarz glänzender Körper, schwarze bis orange-schwarze Beine
**Fundort:** am Stamm, auch auf arm- bis beindicken Ästen sowie fingerdicken Zweigen, zumeist an der nadelfreien Unterseite, bildet Kolonien, es können sich Honigtaupfützen bilden, dadurch Bienenbeflug in den Baum hinein.
**Trachtbeginn:** je nach Höhenlage ab Juni

*Abb. 63: Steckbrief der Großen Schwarzen Fichtenrindenlaus*

## Fundort und Entwicklungszyklus

Ihr bevorzugter Siedlungs- und Fundort ist neben dem Stamm auch auf arm- bis beindicken Äste sowie fingerdicken Zweigen zumeist an der nadelfreien Unterseite.

Auch sie überwintert wie alle Lachniden als Ei. Aus den überwinterten Eiern schlüpfen Stammmutterlarven, je nach Standort und Witterung, Anfang bis Ende April. Die jungen Larven sind anfangs etwas mehr als 1 mm groß und siedeln auf der Rinde zwischen vor- und mehrjährigen Zweigen. Während ihrer Entwicklungszeit von 6 Wochen zum erwachsenen Tier wandern die Stammmütter in Richtung Bauminneres. Dort schließen sie sich mit mehreren Stammmüttern zu locker sitzenden Gruppen zusammen. Später als andere Lachniden, ab Mitte Mai bis Anfang Juni, setzen die Stammmütter Larven ab, die bei ihren

*Abb. 64: Nach dem Schlupf, Anfang April, lose im Verbund sitzende Primärkolonie der „Melezitoselaus“*
*(Quelle: Hetz R. 2024)*

*Abb. 65: Kolonie der Großen Schwarzen Fichtenrindenlaus „Melezitoselaus“* (Quelle: Heller Monika)

*Abb. 66: Weibchen mit weißem Wachswollring am Hinterleib* (Quelle: Heller Monika)

Müttern bleiben. Durch eine gute Vermehrung können so große Kolonien mit mehr als tausend Tieren entstehen. In diesen „Primärkolonien“ sitzen die Tiere in einem losen Verbund über mehrere Meter hinweg und bedecken so Stamm und Äste. Ein großer Teil der F1 entwickelt sich zu geflügelten Tieren.

Ab Mitte Juni bis Anfang Juli lösen sich die Primärkolonien auf und es kommt zum Ausbreitungsflug. Nach der Landung siedeln die Geflügelten F1 dann wiederum im

*Abb. 67: Gelege der Großen Schwarzen Fichtenrindenlaus* (Quelle: Heller Monika)

Stamm- und Wipfelbereich oder an den Unterseiten von armdicken Ästen an. Bei entsprechend hoher Populationsdichte bilden die sich so treffenden F1-Individuen kleine Gruppen von 2–10 Tieren. Unmittelbar nach deren Ansiedlung beginnen die F1 mit dem Absetzen von Larven. So entstehen sehr rasch handtellergroße Kolonien. Ihr Populationsmaximum erreichen diese „Sekundärkolonien“ Ende Juli. Im August brechen diese Kolonien zusammen und verschwinden oft über Nacht.

Die danach geborenen Geschlechtstiere bleiben flügellos. Die Weibchen sind an einem weißen Wachswollring am Hinterleib erkennbar und wechseln im Oktober zur Eiablage in benadelte Zweige. So kommt es zu geselligen Zusammenkünften der Weibchen zum gemeinsamen Ablegen der Wintereier. Im Nadelbereich oder auf der Rinde abgelegt, können solche Ei-Gelege fast tausend Eier umfassen.

## Populationsdynamik und Massenwechsel

Auch hier wird der Massenwechsel der Großen Schwarzen Fichtenrindenlaus durch die Vermehrungstätigkeit der Stammmütter und der F1 bestimmt. Durch das typische Ansitzen der Populationen im Bauminneren ist ihr Auffinden schwierig und fällt erst, wenn überhaupt, durch oder nach dem Ausbreitungsflug der F1-Generation auf. Stammmütter können bei guten Vermehrungsbedingungen 100 und mehr Nachkommen absetzen, während das Vermehrungspotenzial der F1 bei der Hälfte liegt. Auch wenn nur diese zwei Generationen an der Vermehrung beteiligt sind, können so aus dem Nichts Tausende honigende Töchter und Enkel entstehen und damit eine sehr gute Honigtautracht zustande bringen (Liebig, 1999, S. 84–89).

## Beobachterfazit und Methodik

Ähnlich wie bei anderen Lachniden, ist es bei der Großen Schwarzen Fichtenrindenlaus laut Liebig (1999, S. 89–90) nicht oder kaum möglich, durch Beurteilung des Eibesatzes oder der Stammmutterzahl die Aussichten auf eine Honigtautracht frühzeitig zu beurteilen.

Liebig gibt folgende Gründe an:

- **Wintereier und Stammmütter sind sehr schwer zu finden**, weil deren Dichte im Fichtenbestand nicht gleichmäßig verteilt ist, sondern sich nur auf einzelne Bäume konzentriert.
- Daher ist das Heranwachsen der Stammmütter mit ihren Töchtern zu stattlichen Primärkolonien auf einzelne Bäume reduziert. Diese können sehr leicht übersehen werden.

*Abb. 68: Großes Ei-Gelege der Großen Schwarzen Fichtenrindenlaus* (Quelle: Hetz R. 2024)

Auch bei dieser Lachnidenart muss zur endgültigen Beurteilung der Populationsdichte und der Aussichten auf eine Tracht die Zeit des Ausbreitungsfluges abgewartet werden. Tief beastete Fichtenbestände von mehreren über 5 m hohen Jung- oder Trauffichten sind für die Beobachtung gut geeignet. Bei deren Massenbefall mit Sekundärkolonien Anfang bis Mitte Juli sieht man oft schon vom Waldboden aus einen großen schwarzen Fleck an Stämmen und den dicken Ästen. Hierbei kann auch ein Fernglas gute Dienste tun.

Charakteristisch für eine Honigtautracht der Großen Schwarzen Fichtenrindenlaus ist, dass nach kurzen, selbst starken Regenfällen sofort wieder ruhiger, zielgerichteter Bienenbeflug und intensive Waagstockzunahmen registriert werden.

Honigtauansammlungen sind im Bauminneren vor Niederschlägen geschützt und werden nur nach langanhaltenden Regenfällen abgewaschen. Bienenbeflug ins Bauminnere zu den großen Honigtaupfützen und einsetzende Tageszunahmen von mehr als 5 kg (so wurden in Vorarlberg im Jahr 2024 Spitzenwerte von 8–10 kg pro Tag/Volk registriert) untermauern eine Honigtautracht der Großen Schwarzen Fichtenrindenlaus. Auch triefend nasser Unterwuchs im Fichtenwald durch Herabfallen von Honigtau lassen auf eine große Sekundärkolonie der „Melezitoselaus" schließen.

Der Honigtau der Großen Schwarzen Fichtenrindenlaus enthält sehr viel Dreifachzucker Melezitose, der mangels Bearbeitung durch die Bienen im Stock zu wenig aufgespalten wird und innerhalb weniger Tage in der Wabe kristallisiert. Die Große Schwarze Fichtenrindenlaus ist daher bei der Imkerschaft nicht sehr beliebt, gilt sie doch bei Fehlen anderer Trachtquellen als Hauptverursacher von „Zementhonig"[9].

Mangels Trachtangebote, wie in der Einleitung dieses Buches erwähnt, meine ich dazu: „Mir ist jede Form/Art von Tracht lieber, selbst eine Melezitosetracht, als keine Tracht!" Für den Erwerbsimker ist ihr Vorkommen aber ein Alarmsignal für eine vorzeitige Abwanderung. Das komplette Belegen des Honigraums mit kristallisiertem Zementhonig und die damit einhergehenden Ernteschwierigkeiten macht sie unbeliebt.

Bei der Großen Schwarzen Fichtenrindenlaus kann etwa jedes fünfte Jahr mit einem Massenbefall und einer möglichen Honigtautracht gerechnet werden.

## „Das Melezitoseproblem"

Melezitose ist ein Mehrfachzucker, der in der Darmpassage des Honigtauerzeugers entsteht. Seine Konzentration in Honigtauhonigen ist von Standort zu Standort und Jahr zu Jahr mitunter großen Schwankungen unterworfen.

So gibt Liebig (1999) zu bedenken, dass das Zuckerspektrum des Honigtaus bei den einzelnen Honigtauerzeugern keine konstante Größe ist. Je nach Art der Honigtauerzeuger kann dies in mehr oder weniger weiten Grenzen variieren! Jahres-, ja sogar tageszeitliche Schwankungen, das Alter der Honigtauerzeuger und die Zusammensetzung derer Kolonien stellen entscheidende Einflussgrößen für die Honigtauzusammensetzung dar.

So wären umfangreiche Probenahmen und Analysen zu unterschiedlichen Zeiten an verschiedenen Standorten und bei

[9] Durch den hohen Melezitosegehalt (bis zu 60 % im Honigtau) bereits in der Wabe auskristallisierter Honig

wechselnder Witterung über mehrere Jahre notwendig, um mehr Aufschluss über das Zuckerspektrum der einzelnen Honigtauerzeuger zu bekommen. Solche Untersuchungen fehlen weitgehend, lediglich bei drei bienenwirtschaftlich wichtigen Lachnidenarten liegen Reihenuntersuchungen vor. Das Zuckerspektrum der Großen Schwarzen Fichtenrindenlaus und der Grünen Tannenrindenlaus ist gut untersucht und gilt als relativ konstant. Hingegen ist es bei den anderen Fichtenlachnidenarten längst nicht so konstant. Messungen des Melezitosegehalts im Honigtau der Rotbraunen Bepuderten Fichtenrindenlaus zeigten, dass deren Melezitosegehalt zwischen 25 und 60 % variierte.

Durch Enzyme, die im Bienenspeichel enthalten sind, wird der Honigtau in „kleinere“ Bausteine zerlegt. Damit es zu keiner Kristallisation in den Waben kommt, muss der Be- und Umarbeitungsprozess der Biene so weit ablaufen, dass es zu einem Absinken des Melezitosegehalt des eingelagerten Honigs unter ca. 20 % kommt (Liebig, 1999, S. 134).

**MERKE:**

**Ein unvollständiges Festwerden (gelartiges Kandieren) kann schon bei einer Melezitosekonzentration von 8–10 % des eingelagerten Honigs stattfinden.**

## Gegenüberstellung

| Grüne Tannenrindenlaus | Große Schwarze Fichtenrindenlaus |
|---|---|
| Der Honigtau dieser Lachnide zeichnet sich durch einen konstant hohen Saccharosegehalt aus, der im Durchschnitt bei ca. 60 % liegt.<br>Das bedeutet, dass diese Laus mehr als die Hälfte der Saccharose in ihrer Nahrung unverändert lässt.<br>Der Melezitosegehalt im Honigtau beträgt selten mehr als ca. 20 %. Wenn man nun bedenkt, dass durch die Be- und Verarbeitung der Biene dieser Melezitosegehalt im Honigtau auf weniger als ca. 5 % gesenkt wird, reicht dies für eine vorzeitige Kristallisation in der Wabe nicht aus! | Im Honigtau dieser Lachnide sind die Verhältnisse genau umgekehrt gegenüber der Vergleichslaus.<br>Der überwiegende Teil an Saccharose in ihrer Nahrung wird von der Laus verändert.<br>Der Saccharosegehalt beträgt ca. 15–20 % bei einem Melezitosegehalt im Honigtau von ca. 60 %.<br>Die Höhe und diese Konstanz des Melezitosegehaltes im Honigtau machen die Große Schwarze Fichtenrindenlaus zur Nummer 1 der „Zementhonigverursacher“! |

*Abb. 69: Gegenüberstellung der Grünen Tannenrindenlaus mit der Großen Schwarzen Fichtenrindenlaus nach Liebig (1999)*

Nach derzeitigem Kenntnisstand ist die Große Schwarze Fichtenrindenlaus der Hauptverursacher einer Zementhonigtracht. Dafür spricht, dass bei Auftreten von viel Zementhonig auch immer ein Massenbefall der Großen Schwarzen Fichtenrindenlaus verzeichnet wurde.

**MERKE:**

**„Lachniden der Tanne führen nie, aber die Lachniden der Fichte sehr wohl zum ‚Melezitosealarm‘ beim Imker.“**

*Abb. 70: Entdeckelte, volle Melezitosewabe* (Quelle: Buchner P. 2024)

*Abb. 71: Ausschnitt einer Melezitosewabe* (Quelle: Buchner P. 2024)

Der Imker freut sich, dass der Wald honigt und die Bienen wie in Trance Honigtau eintragen. Doch beim Entdeckeln und Schleudern gibt es dann die große Ernüchterung. Der Honig sitzt in den Waben fest und lässt sich durchs Schleudern kaum bis gar nicht herausbringen. Unwucht, hüpfende Honigschleudern und hagelnde Zementhonigzylinder, die das Honigsieb in Kürze verstopfen, bringen so manchen Imker zur Verzweiflung. So stellt man sich die Frage, was bei nicht schleuderbaren Waben mit blockierendem Zementeintrag getan werden kann?

Ist dem Imker durch Trachtbeobachtung die Honigtauquelle bekannt, ist überlegenswert, mit seinen Bienen abzuwandern oder eben erst gar nicht anzuwandern. Steht man bereits in der Melezitosetracht gilt es:

- Bienen bauen lassen und Mittelwände geben.
- Leerrähmchen für Scheibenhonig aufsetzen.
- Bei Pressverfahren zur Melezitosehonig-Gewinnung werden die vollen Waben ausgeschnitten, gepresst oder ausgequetscht.
- Schmelzverfahren mit großer, wenn auch kurzer Hitzeeinwirkung verursachen eine Erhöhung des HMF-Werts (Hydroxymethylfurfural-Gehalt). Durch Über-Erhitzung werden so auch die im Honig geschätzten Naturstoffe (Enzyme, Aminosäuren, Vitamine, Farb- und Aromastoffe und Pollen) verändert, deaktiviert oder zur Gänze zerstört. Es leidet die Honigqualität! Laboranalysen können über den Qualitätsverlust des Honigs Aufschluss geben. Oft ist geschmolzener Melezitosehonig nur noch als Backhonig zu verkaufen.
- Volle Waben im nächsten Jahr während der Trachtlücke umtragen lassen.

Trotz verschiedener mechanischer Ernteverfahren bleibt meist ein beträchtlicher Teil des Melezitosehonigs in den Waben zurück.

**MERKE!**

**Für die Gewinnung und Verwertung von Zementhonig gibt es kein Patentrezept!**

*Abb. 72: Kristallisierte Wabenzellen – Honigzylinder* (Quelle: Buchner P. 2024)

## DIE LEBENSWEISE UND GENERATIONSFOLGE DER STARK BEMEHLTEN FICHTENRINDENLAUS *(CINARA COSTATA)*

Ein Massenbefall der Stark Bemehlten Fichtenrindenlaus tritt selten auf. Ist dies aber der Fall, kann das Unterholz und der Waldboden so mit Honigtau übersät sein, dass einem die herabgefallenen Fichtennadeln am Schuhwerk kleben bleiben. Da sich ihr phänologischer Erscheinungszeitraum mit anderen Honigtauerzeugern auf der Fichte deckt, ist sie aber immer wieder an einer Waldtracht mitbeteiligt. Auch diese Fichtenlachnide gilt als Lieferant für melezitosereichen Honigtau!

Ruppertshofen (1980, S. 121–122) schildert diese Fichtenlachnide wie folgt. Die Stark Bemehlte Fichtenrindenlaus siedelt gerne an schwachwüchsigen vor- und mehrjährigen Fichtenzweigen. Sie sitzt daher am „Holz" und ist auch gerne im Bauminneren zu finden. Doch auch in Jahren, in denen der Lachnidenbefall auf der Fichte gering ist, verrät sie ihren Siedel- und Saugort durch ihr mehlig-weißes Aussehen. Die ca. 3–4 mm großen erwachsenen Tiere sind mehr bemehlt als Jungtiere und haben ein dreieckförmiges Aussehen. Die Stark Bemehlte Fichtenrindenlaus wird kaum von Ameisen besucht, da sich ihr Wachsbelag störend auswirkt. Die Eigenheit dieser mattmetallisch bis schwarzgrauen Laus ist, dass sie viel weißes Wachs bildet und so ihrem Körper ein „stark bemehltes" Aussehen gibt. Bei Störungen (zu schnelles Anheben des Zweiges) lässt sie sich schnell fallen.

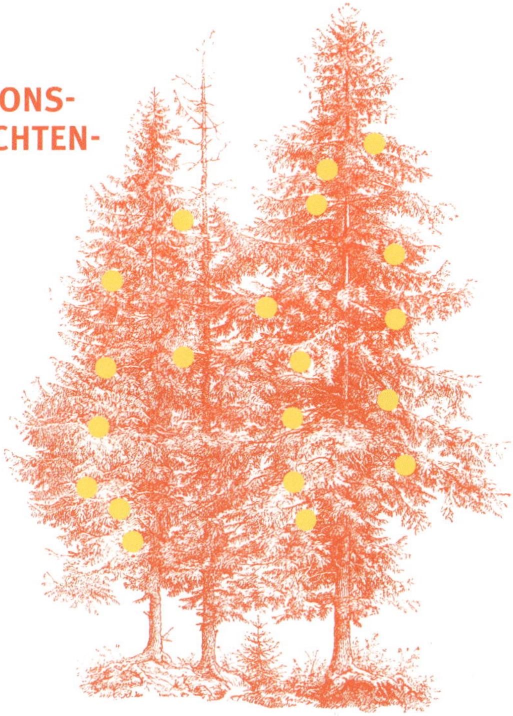

**STECKBRIEF**

*STARK BEMEHLTE FICHTENRINDENLAUS*

**Größe:** 3–4 mm groß

**Aussehen:** matt metallisch bis schwarzgrau, hat einen weißen Wachsfilm an ihrem Körper und so ein „stark bemehltes" Aussehen.

**Fundort:** auf schwach wüchsigen vor- und mehrjährigen Fichtenzweigen, Altfichten, bildet Kolonien, ohne Ameisenbesuch

**Trachtbeginn:** je nach Höhenlage ab Juni

*Abb. 73: Steckbrief Stark Bemehlte Fichtenrindenlaus*

Wie alle Lachniden überwintert auch die Stark Bemehlte Fichtenrindenlaus als Ei. Ihre Eier sind sehr schwer zu finden, da das Weibchen die Eier einzeln oder selten paarweise, gut getarnt, an der Nadelbasis oder an der Rinde junger Zweige ablegt.

Sie tritt in Kolonien auf, die von einer oder mehreren Stammmüttern und deren Töchtern gebildet werden. Ihre Tracht findet nach einer Ausbreitung und Umverteilung in andere Astpartien sowie nach dem Ausbreitungsflug statt. Sehr oft folgt sie der Tracht der Kleinen Lecanie und der Rotbraun Bepuderten Fichtenrindenlaus. Ihr Populationsmaximum liegt je nach Höhenlage Ende Juni bis Mitte Juli. Daher überschneidet sich ihr Trachtzeitraum oft mit dem der Großen Schwarzen Fichtenrindenlaus. Die Hauptverantwortliche für „Zementhonig" lässt sich dann nicht genau ausmachen. Selbst nach dem Verschwinden der Kolonie ist ihr Siedelort, der sich oft mit dem der kleinen Fichtenlecanie deckt, durch einen weißen Wachssaum noch lange markiert.

Geschlechtstiere finden sich ab August, die dann im Herbst Gelege im Bauminneren bilden.

*Abb. 74: Große Kolonie der Stark Bemehlten Fichtenrindenlaus. Erwachsene Tiere haben große schwarze kegelförmige Siphone (Seitenwarzen).* (Quelle: Buchner P. 2022)

## Beobachterfazit und Methodik

Die Beobachtung dieser Lachnide ist sehr schwierig, da Wintereier oder Stammmütter selten zu finden sind. Somit ist ihre Trachtvorhersage kaum möglich. Sie ist aber immer wieder an Waldtrachten mitbeteiligt.

*Abb. 75: Kolonie der Stark Bemehlten Fichtenrindenlaus an einem mehrjährigen Trieb* *(Quelle: Buchner P. 2022)*

# DIE LEBENSWEISE UND GENERATIONSFOLGE DER GRÜNGESTREIFTEN FICHTENRINDENLAUS *(CINARA PICEICOLA)*

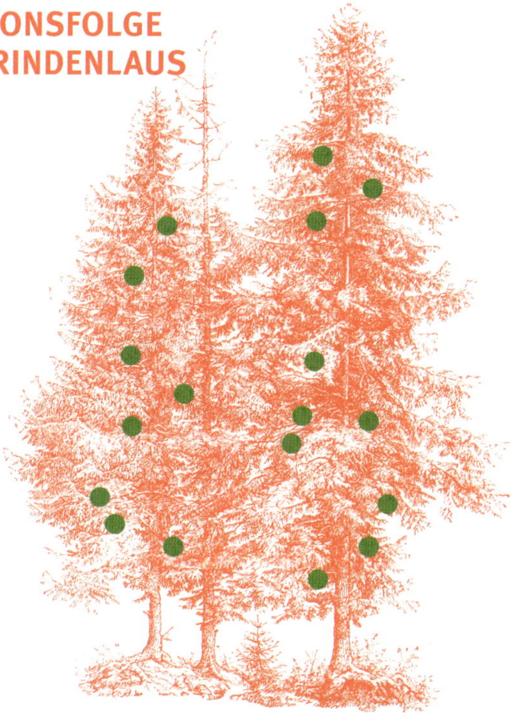

Liebig (1999) und Ruppertshofen (1980) erwähnen in ihren Werken die tiefe Verbindung dieser Lachnide mit den Waldameisen. Entgegen der Stark Bemehlten Fichtenrindenlaus kommt die Grüngestreifte Fichtenrindenlaus praktisch nur mit starker Betreuung von Waldameisen vor. Ruppertshofen (1980, S. 121) schreibt sogar, dass sie ohne Waldameisen kaum lebensfähig ist.

Durch diese trophobiotische Verbindung mit der Waldameise ist sie für Anfänger der Waldtrachtbeobachtung sehr leicht zu finden. Man findet sie daher sehr oft in der Nähe von Ameisenhaufen. Ihre bienenwirtschaftliche Bedeutung ist geringer als die der anderen Fichtenlachniden. Bei hoher Populationsdichte ist sie doch immer wieder an einer Fichtenwaldtracht mitbeteiligt.

Die erwachsenen Tiere sind 3–5 mm groß und besitzen braune Beine sowie zwei kennzeichnende dunkelgrüne bis grünlichbraune Längsstreifen auf dem Rücken.

*Abb. 76: Eine Stammmutter der Grüngestreiften Fichtenrindenlaus mit zwei kreisförmig angeordneten Junglarvenkolonien an einem dicken Zweig, betreut von Waldameisen* *(Quelle: Buchner P. 2020)*

**STECKBRIEF**
*GRÜNGESTREIFTE FICHTENRINDENLAUS*
**Größe:** 3–5 mm groß
**Aussehen:** Aussehen: zwei kennzeichnende dunkelgrüne bis grünlichbraune Längsstreifen auf dem Rücken, braune Beine
**Fundort:** vorwiegend auf der Unterseite von finger- bis armdicken Ästen, bildet Kolonien, im Hochsommer dicht an dicht am Stamm von acht- bis zehnjährigen Fichten, immer mit Ameisenbesuch
**Trachtbeginn:** je nach Höhenlage ab Juni (Trachtbedeutung gering)

*Abb. 77: Steckbrief der Grüngestreiften Fichtenrindenlaus*

*Abb. 78: Durch die zahlreichen Waldameisen lassen sich die eigentlichen Lachniden kaum ausmachen. Andererseits sind solche Zweige für den Beobachter leicht zu finden.* *(Quelle: Buchner P. 2020)*

Die Grüngestreifte Fichtenrindenlaus siedelt in dichten Kolonien vorwiegend auf der Unterseite von finger- bis armdicken Ästen. Durch diesen Siedlungsort unterscheidet sie sich maßgeblich von anderen Fichtenlachniden, wie etwa der Rotbraunen Bepuderten Fichtenrindenlaus, die nach ihrem Ausbreitungsflug eigentlich immer an den Maitrieben zu finden ist. Im Hochsommer findet man die Grüngestreifte Fichtenrindenlaus auch meterlang dicht an dicht am Stamm von acht- bis zehnjährigen Fichten. Weiters bildet sie von Mai bis Juni auch Mischkolonien mit der äußerlich sehr ähnlichen Graugrün Gescheckten Fichtenrindenlaus (*Cinara pruinosa*) (Weber, 2013, S. 8). Wie zuvor erwähnt, wird ihr wenig Trachtbedeutung beigemessen, daher erübrigt sich diesbezüglich ein Beobachterfazit.

*Abb. 79: Graugrün Gescheckte Fichtenrindenlaus (Cinara Pruinosa)* *(Quelle: Buchner P. 2020)*

## ÜBERSICHTSDARSTELLUNG: DIE BEOBACHTUNG DER BIENENWIRTSCHAFTLICH WICHTIGEN HONIGTAUERZEUGER DER FICHTE

| Art | Entwicklungsstadium | Fundort | Bezugsgröße | Messmethode | Zeitraum |
|---|---|---|---|---|---|
| Kleine Fichtenquirlschildlaus | Überwinterungslarven | Jüngste Quirle schwachwüchsiger Zweige an tiefbeasteten Trauffichten | Anteil befallener Quirle und Anzahl Tiere pro Quirl | Schwachwüchsige Zweige abschneiden, eine Mindestzahl potenzieller Quirle sammeln und mit Mikroskop auf Lecanienbesatz untersuchen | Okt. – Feb. |
| | Heranwachsende Tiere | | | An tiefbeasteten Trauffichten an lamettaartigen schwachwüchsigen Zweigen nach Lecanienbesatz absuchen | April – Juni |
| | Honigende Tiere | | | | |
| Große Fichtenquirlschildlaus | Wie kleine Fichtenquirlschildlaus | Jüngste Quirle starkwüchsiger Zweige an Jungfichten | Wie kleine Fichtenquirlschildlaus, aber starkwüchsige Zweige auswählen | | |
| Rotbraune Bepuderte Fichtenrindenlaus | Stammmütter und Primärkolonien | Vorjährige Nebentriebe | Anzahl pro Baum und Größe der Kolonien unter Berücksichtigung des Austriebes | Etwa mannshohe Jungfichten sorgfältig absuchen und Anzahl, Größe und Zusammensetzung der Kolonien sowie den Entwicklungsstand des Austriebes beurteilen | April – Mai |
| | Geflügelte und Sekundärkolonien | Starkwüchsige Maitriebe (oft im Wipfelbereich) | | | Mai – Juni |

| Art | Entwicklungs-stadium | Fundort | Bezugsgröße | Messmethode | Zeit-raum |
|---|---|---|---|---|---|
| Große Schwarze Fichtenrindenlaus | Primärkolonien | Daumen bis armdicke Zweige, meist auf wenige Bäume konzentriert | Wenn man keine entdeckt, kann es dennoch zu einem Massenbefall kommen | | April – Mai |
| | Geflügelte und Sekundärkolonien | Nadellose Äste und beindicke Stämme von Jungfichten | Anzahl pro Baum und Größe der Kolonien | Ältere Trauffichten und Fichten in Dickungen sorgfältig absuchen und Anzahl und Größe der Kolonien beurteilen | Juni – Juli |
| Grüngestreifte und Graugrün Gescheckte Fichtenrindenlaus | Kolonien | Unterseite von Daumen bis armdicken benadelten Zweigen, nicht im Maitrieb | Anzahl pro Baum und Größe der Kolonien | | Mai – Juni |
| Stark Bemehlte Fichtenrindenlaus | Kolonien | Zwei- bis mehrjährige schwachwüchsige Triebe | Anzahl pro Baum | Schwachwüchsige Zweige absuchen | Mai – Juni |

*Abb. 80: Übersichtsdarstellung nach Liebig: Die Beobachtung der bienenwirtschaftlich wichtigen Honigtauerzeuger der Fichte*

# DIE WEISSTANNE *(ABIES ALBA)*

*Abb. 81: Aussehen der Tanne und ihrer Zapfen*
*(Quelle: iStock.com/Grafissimo)*

Die Tanne ist im deutschsprachigen Raum neben der Fichte die zweithäufigste Nadelbaumart. Ihr Verbreitungsgebiet gleicht dem der Fichte, wenngleich die Weißtanne wärmeliebender und frostempfindlicher ist. Die natürlicherweise von ihr bevorzugte Höhenlage reicht von 600 bis 1.200 m über dem Meeresspiegel und liegt damit niederer als die der Fichte. Die Tanne ist ein regelmäßig verzweigter, immergrüner Baum mit hell- bis dunkelgrauem Stamm. Von Nahem betrachtet ist die Nadel der Tanne flach, vorne abgerundet und weist einen doppelten weißen Wachsstreifen auf der Unterseite auf.

Jungwaldbestand wird oft durch Wildeinfluss zurückgedrängt. In jungen Jahren weist sie eine meist kegelförmige Krone auf, die dann mit zunehmendem Alter eine storchennestartige Form annimmt. Sie ist durch ihr tiefgehendes Wurzelwerk deutlich besser verankert als die Fichte und daher weniger sturmgefährdet. Im Hinblick auf den Klimawandel gilt sie als Hoffnungsträger. So sind ihr tiefer Bodenaufschluss und die hohe Schattenverträglichkeit besonders hervorzuheben. Ihre Samenzapfen stehen nach oben.

Das helle Holz der Tanne weist im Gegensatz zur Fichte keine Harzgänge und Harzgallen auf. Es ist schwerer, wetterbeständiger und tragfähiger als das der Fichte. Das Holz erfreut sich am Holzmarkt einer neuen Beliebtheit. Ihre Tannenäste und Zweige werden nicht nur zur Weihnachtszeit sehr gerne als Schmuck-, Kranz-, Deckreisig verwendet (Quelle: Stiftung Unternehmen Wald, 2023).

Die Weißtanne gilt aus ökologischer Sicht als „Diva", anders gesagt als empfindliche Wirtspflanze. So kann Stress während des Austriebs, z. B. in Form von Trockenheit, schon zum Zusammenbruch der Lachnidenpopulation führen. Trotzdem gilt die Weißtannentracht als eine wichtige Tracht für uns Imker, kann sie sich doch über viele Wochen bis in den Herbst erstrecken und als sehr ausgiebig erweisen. Auch wenn die letzten Jahre in Vorarlberg keine großartigen Waldtrachten von der Weißtanne zu verzeichnen waren, ändert das nichts an der Tatsache, dass wir ausgewiesene Weißtannenregionen haben.

*Abb. 82: Eine Fichte, umringt von zwei Weißtannen* (Quelle: Buchner P. 2023)

In Vorarlberg sind die größten Weißtannenbestände im Leiblachtal, am Pfänderstock und im vorderen Bregenzerwald zu verzeichnen. Bemerkenswert sind dabei die nachhaltig bewirtschafteten Plenterwaldanteile dieser Regionen, die immer wieder ergiebige Weißtannentrachten hervorbringen. Aber auch kleinere Waldflächen mit Weißtannenbestand, die einer „Insel" gleichen, oft isoliert und abgeschieden, zeigen immer wieder, dass es im direkten Umfeld durchaus nennenswerte Tannenhonigerträge geben kann.

Gute Möglichkeiten, die Honigtauerzeuger auf der Weißtanne zu beobachten, bieten Christbaumkulturen.

Diese sind gut erreichbar und einsehbar und weisen nebst Weißtannen sehr oft auch Nordmanntannenbestand auf. Dieser Umstand ist interessant, weil die Mattschwarze Tannenrindenlaus „Coloradolaus“ auch auf der Nordmanntanne anzutreffen ist.

## DIE DREI BIENENWIRTSCHAFTLICH WICHTIGSTEN HONIGTAUERZEUGER DER WEISSTANNE *(ABIES ALBA)*

Ist und war es in der Vergangenheit vor allem die Grüne Tannenrindenlaus, die für große Tannenhonigerträge verantwortlich war, so haben aber auch in bestimmten Regionen die Große Schwarzbraune Tannenrindenlaus und ihre eingewanderte, amerikanische Schwester „Coloradolaus“ schon mehrfach gezeigt, dass sie regional ergiebige Honigtautrachten hervorbringen können.

### Werteskala der Weißtanne

| Baum | Honigtauerzeuger | Wissenschaftliche Bezeichnung | Bedeutung |
|---|---|---|---|
| Tanne | Grüne Tannenrindenlaus | *Cinara pectinatae* | +++++++++ |
| Tanne | Große Schwarzbraune Tannenrindenlaus | *Cinara confinis* | ++ |
| Tanne | Mattschwarze Tannenrindenlaus „Coloradolaus“ | *Cinara curvipes* | +++ |

*Abb. 83: Werteskala der Honigtauerzeuger auf der Weißtanne nach Liebig (1999) und Buchner*

Gibt es in einer Trachtregion (Bereich/Abschnitt) vermehrt Weißtannen, kann es durch eine unterschiedliche Altersstruktur der Wirtsbäume auch große Unterschiede im Vorkommen der einzelnen Honigtauerzeuger geben.

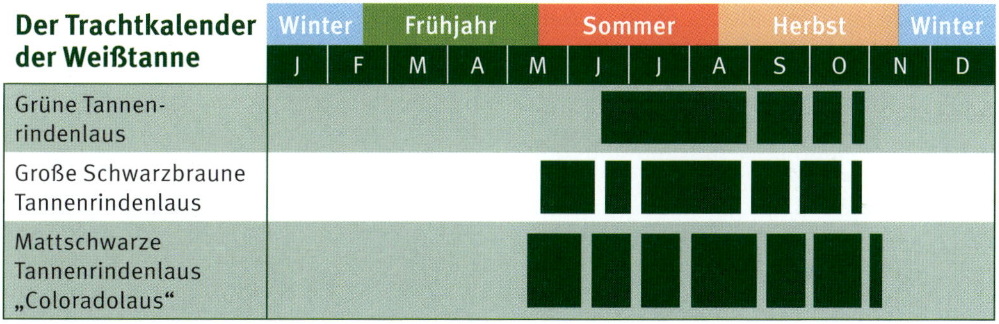


*Abb. 84: Trachtkalender der drei wichtigsten Honigtauerzeuger der Weißtanne nach Liebig (1999) und Buchner*

## FUND-/SIEDELORTE DER WICHTIGSTEN HONIGTAUERZEUGER AUF DER WEISSTANNE

- *Grüne Tannenrindenlaus*
- *Große Schwarzbraune Tannenrindenlaus*
- *Mattschwarze Tannenrindenlaus „Coloradolaus“*

*Abb. 85: Das Wissen um den Siedelort ist Voraussetzung für eine erfolgreiche Beobachtung der Honigtauerzeuger.*

## DIE LEBENSWEISE UND GENERATIONSFOLGE DER GRÜNEN TANNENRINDENLAUS „BUCHNERIA“ *(CINARA PECTINATAE)*

Die bienenwirtschaftlich wichtigste Lachnide auf der Weißtanne ist die Grüne Tannenrindenlaus (*Cinara pectinatae*). Sie ist im gesamten Alpenraum sowie in vielen mittel-, nord- und südosteuropäischen Ländern für die Imkerei die „Brot“ (Ertrag) bringende Laus, welche die größten Waldhonigernten beschert.

### Aussehen

In der Imkerschaft ist die Grüne Tannenrindenlaus oder „Buchneria“, wie sie früher genannt wurde, wohl der beliebteste Honigtauerzeuger. Liebig (1999) beschreibt diese wichtige Lachnide folgendermaßen.

Die Grüne Tannenrindenlaus oder Tannenhoniglaus, wie sie auch genannt wird, lebt auf der Weißtanne. Erwachsene Tiere sind 3–6 mm groß, grün gefärbt mit drei helleren Längsstreifen am Rücken und besitzen zwei leuchtend rote Augen. Sie hat eine perfekte Tarnung an ihrem Saugort entwickelt. Durch ihre typische Haltung

*Abb. 86: Grüne Tannenrindenlaus in typischer Saugstellung* (Quelle: Lässer Vinzenz)

beim Saugen ähnelt sie sehr einer verkürzten Tannennadel. Ihr Bauch ist analog zu den Tannennadeln silbrig-weiß gefärbt.

*Abb. 87: Großaufnahme (Quelle: Lässer Vinzenz)*

*Abb. 88: Erscheinungsmerkmale sind zwei leuchtend rote Augen und ein zeckenartiges Aussehen. (Quelle: Lässer Vinzenz)*

**STECKBRIEF**
*GRÜNE TANNENRINDENLAUS*
**Größe:** 3–6 mm groß
**Aussehen:** Der Rücken ist hell- bis dunkelgrün mit drei helleren Längsstreifen, silberfarbener Bauch (analog zur Tannennadel), rote Augen, zeckenartige Körperform.
**Fundort:** sitzt einzeln (Solitärlaus) zwischen den Nadeln auf der Rinde von ein- und mehrjährigen Trieben.
**Trachtbeginn:** je nach Höhenlage ab Anfang Juni bis September

*Abb. 89: Steckbrief Grüne Tannenrindenlaus*

Selten können auch gelbe bis dunkelbraune Exemplare gefunden werden, die aber durch ihr typisches Aussehen eindeutig zuordenbar sind. Sie siedelt, zwischen den Nadeln sitzend, auf ein- oder mehrjährigen Trieben. Ihr zeckenartiges Erscheinungsbild verdankt sie einem übergroßen Hinterleib und somit einem deutlich kleineren Kopf und Brustbereich, an dem drei Beinpaare ansetzen. Ihre Beine erscheinen sehr lang und sind bei Stammmüttern schwarz gefärbt.

Die hell- bis blassgrünen Larven häuten sich dreimal während ihrer Entwicklung zum adulten Tier. Wenn sie nicht von Ameisen gepflegt wird, ist die Grüne Tannenrindenlaus eine „Solitärlaus". Sie bildet selbst bei Massenbefall keine Kolonien, wie etwa die Rotbraune Fichtenrindenlaus!

Selten kann in der Nähe des Quirls eine kleine Gruppe von ca. 3–5 Tieren gefunden werden, die aber keinen Körperkontakt haben. Wenn Ameisen diese Honigtauerzeuger betreuen, können sich von den Ameisen zusammengetriebene kleine Kolonien entwickeln, die sich durch Fernhalten der Ameisen aber sofort wieder auflösen.

Anders als bei kolonienbildenden Rindenläusen erleichtert diese Einzelsitzweise das Bestimmen der Populationsdichte durch uns Beobachter.

## Fundort und Entwicklungszyklus

Die zwischen den Nadeln saugenden Tiere strecken ihren Hinterleib schräg nach oben, Richtung Triebspitze. Ihre Stellung beim Saugen gleicht einer Tannennadel, was dadurch vielleicht vor Fressfeinden schützen soll bzw. kann.

Die Grüne Tannenrindenlaus überwintert als Ei. Frisch abgelegt, sind die ca. 1,5 mm langen Eier „lichtgrün" und verfärben sich später dunkel. Die einzeln, meist auf der Nadelunterseite von heurig und vorjährigen Trieben abgelegten Wintereier finden sich oft in der Nähe von Quirlen. Eierlegende Weibchen siedeln offenbar in Quirlnähe und legen dabei nicht mehr als 2–4 Eier.

*Abb. 90: Eierlegendes Weibchen mit zwei Eiern. Wer findet sie?* (Quelle: Buchner P. 2023)

Durch einen Wollfaden markierte Triebe mit Gelege der Wintereier lassen sich im Frühjahr schnell finden und den Schlupf der Stammmütter beobachten. Sogar vor dem Schlupf lässt sich die Entwicklung der jungen Stammmutterlarve unter der Eihülle beobachten. Ein feiner schwarzer Strich markiert den „Eizahn“, zwei kleine rote Punkte an der Vorderseite des Wintereies die Augen (Spürgin in Schick et al., 1997, S. 158).

Schon Gleim (1996, S. 124) betont die Wichtigkeit großer Wintergelege. Viele Wintereier sind der „Ursprung“ folgender Generationen und so die Voraussetzung für einen Massenbefall. Trotzdem muss sich auf dem weiten Weg vom Winterei bis zu einem Massenbefall von Honigtauerzeugern vieles perfekt ineinanderfügen. Laut Liebig (1999) liegt die Überwinterungsrate der Gelege bei rund 80 % und deren Schlupfrate bei ca. 50 %. Große Gelege, wie in der Abbildung zu sehen, werden von Vögeln leichter entdeckt und verschwinden oft bis zum Frühjahr.

*Abb. 91: Frisches Gelege mit vier hellgrünen Eiern der Grünen Tannenrindenlaus* (Quelle: Buchner P. 2023)

Mein Vorgänger als Trachtreferent Vorarlbergs, WL Siegfried Schmid, stellte schon 1976 für den Raum Vorarlberg fest:

*Dass bei sehr guter Eiablage von Cinara pectinatae auf Tanne (er gibt keine Zahlen an) fast sicher mit einer guten Tracht zu rechnen ist. Bei mittelmäßiger Eiablage ist nach günstigem Frühjahrswetter mit einer guten Tracht zu rechnen. Während bei schlechtem Frühjahrswetter oder bei schwacher Eiablage die Tracht immer ausbleibt.* (Schmid. in Kloft et al.,1985, S. 18)

Je nach Höhenlage und Witterungsverlauf schlüpfen daraus von Mitte März bis Ende April Stammmutterlarven. Diese Larven siedeln unweit ihres Schlupfortes auf der Rinde und wechseln ihren Saugort nach jeder Häutung. Bei der Häutung ziehen sich die Larven auf die Tannennadeln zurück und sind dabei leichte Beute von Räubern. Im Larvenstadium sind Stammmütter eher in jungen Trieben, als

Erwachsene eher in älteren Trieben zu finden. Diese anfangs 1 mm großen Larven entwickeln sich nach 6–8 Wochen zu ca. 6 mm großen, erwachsenen Tieren. Nachfolgende Generationen erreichen nicht die Körpergröße der Stammmütter. Auch diese Lachnide vermehrt sich im Frühjahr und Sommer ohne Begattung und bringt ihre Larven lebend zur Welt.

*Abb. 92: Stammmutter der Grünen Tannenrindenlaus, zeckenartiges Aussehen*
*(Quelle: Lässer Vinzenz 2024)*

*Abb. 93: Stammmutter der Grünen Tannenrindenlaus mit den für Stammmütter typisch schwarzen Beinen* *(Quelle: Buchner P. 2022)*

## Die Vermehrungsphase

*Der Anstieg in der Populationsdichte während der Vermehrungsphase kommt allein durch die Vermehrungstätigkeit der Stammmütter und der F1 Generation zustande. Bei sehr guten Vermehrungsbedingungen kann die Population um den Faktor 100 (Vermehrungsrate der Stammmütter x Vermehrungsrate der F1 Generation) anwachsen; bei schlechten Vermehrungsbedingungen liegt der Faktor in der Größenordnung von 10 oder darunter.* (Liebig, 1999, S. 111)

Mit dem Absetzen der F1-Generation durch die adulten Stammmütter nimmt die Populationsdichte erstmals zu. Bei guten Vermehrungsbedingungen bringt eine Stammmutter über den Zeitraum von 4 Wochen ca. 20 F1 zur Welt. Im Einzelfall auch deutlich mehr.

Je nach Region und Witterung treten die ersten F1 von Anfang Mai bis Anfang Juni auf. Diese neugeborenen Larven wandern dann von ihrer Mutter weg in ein- oder zweijährige Triebe. Die F1 brauchen ca. 4 Wochen, bis sie vermehrungsfähig und erwachsen sind. Die F1 sind weniger fruchtbar und bekommen bei guten Vermehrungsbedingungen höchstens fünf Nachkommen. Der Anteil der Geflügelten Individuen liegt im Sommer unter 10 %. Im Monatsrhythmus treten Folgegenerationen auf.

Kurz vor Wachstumsende des Maitriebes um Mitte Juni werden F2 geboren. Ab diesem Zeitpunkt finden sich F2- und spätgeborene F1-Larven in den Maitrieben.

Die F2-Generation ist noch weniger fruchtbar, ihr Vermehrungsfaktor liegt niedriger als 1. Dies bedeutet, dass es nun zu einem Rückgang der Populationsdichte kommt.

Im Verlauf des Sommers sitzt und saugt der Großteil der Grünen Tannenrindenläuse an der Rinde der heurigen und vorjährigen Triebe. Die im September geborenen F4- und F5-Generationen entwickeln sich zu Geschlechtstieren. Männliche Indivi-

*Abb. 94: Geflügeltes „Buchneria-Männchen“* *(Quelle: Lässer Vinzenz)*

*Abb. 95: Geschlechtstier der Grünen Tannenrindenlaus bei der Eiablage* *(Quelle: Schmid Siegfried)*

duen sind geflügelt, weibliche ungeflügelt. Nach der Paarung legen die Weibchen nach erfolgtem „Kältereiz“ im Oktober und November Wintereier ab.

## Populationsdynamik und Massenwechsel

Die Tannentracht unterliegt starken Schwankungen. Setzt sie schon früh im Jahr ein, kommt sie auch meistens früh zum Erliegen. Eine Erholungsphase mit Spätvermehrung im Spätherbst bleibt aus und dann auch die Tannentracht im Folgejahr. An nutzbaren Tannentrachten mit einer entsprechend hohen Besatzdichte kann sich nahtlos eine Spätvermehrung entwickeln. Die daraus resultierende Eiablage lässt dann auf ein Tannentracht-Folgejahr hoffen. So kann das Populationsmaximum mit nachfolgendem Zusammenbruch schon früh im Juni oder erst spät im September auftreten.

Somit ist das Populationsmaximum bei der Grünen Tannenrindenlaus zeitlich nicht so streng fixiert, wie bei den meisten Honigtauerzeugern der Fichte.

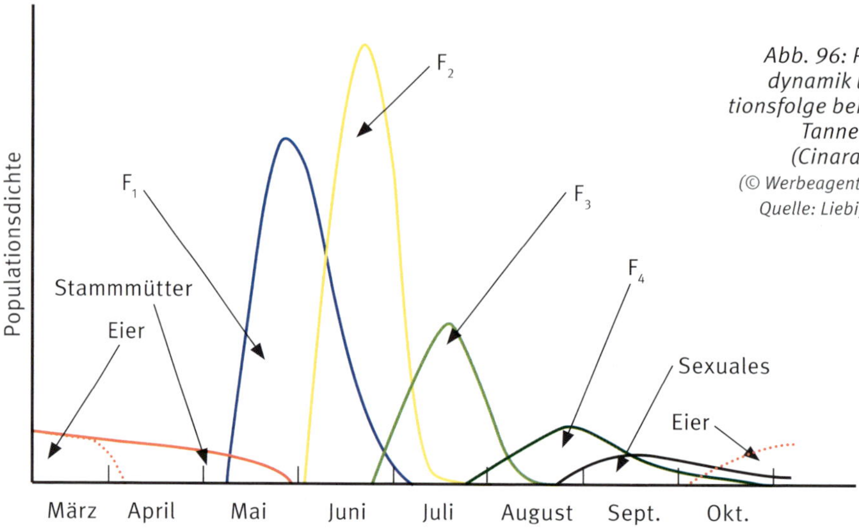


*Abb. 96: Populationsdynamik und Generationsfolge bei der Grünen Tannenrindenlaus (Cinara pectinatae)* *(© Werbeagentur Rypka, nach Quelle: Liebig, 1999, S. 112)*

Generell lässt sich die Populationsdynamik der Grünen Tannenrindenlaus in sechs Phasen unterteilen:

| Die 6 Phasen der Populationsdynamik der Grünen Tannenrindenlaus | |
|---|---|
| 1. | Überwinterung der Eier |
| 2. | Schlupf und Entwicklung der Stammmütter im Frühjahr |
| 3. | Vermehrung von Stammmüttern und F1 im Frühsommer |
| 4. | Populationsmaximum mit Honigtauproduktion im Sommer |
| 5. | Zusammenbruch im Spätsommer |
| 6 | Auftreten der Geschlechtstiere und Eiablage im Herbst |

*Abb. 97: Die 6 Phasen der Populationsdynamik der Grünen Tannenrindenlaus nach Liebig (1999)*

## Beobachterfazit und Methodik

Die im nun folgenden Kapitel behandelte Beobachtungsmethodik bezüglich Ei- und Stammmutterbesatz, Populationsdichte und möglichen Honigertrags wurde aus Liebig (1999, S. 112–126) entnommen.

Werden in Tracht-Regionen an fixen Standorten von erfahrenen Waldtrachtbeobachtern zu bestimmten Zeiten Daten erhoben und zu Protokoll gebracht, so können diese Daten über mehrere Jahre gesammelt und verglichen werden. Zusammen mit den erhobenen Daten der Witterungsaufzeichnungen und dem schlussendlichen Honigertrag führt dies zu Ergebnissen.

Somit lassen sich aktuelle Konstellationen (Stammmutterbesatz, Witterung, Vermehrungsbedingungen) mit den aufgezeichneten Daten vergangener Trachtjahre gegenüberstellen. Durch diese Gegenüberstellung lässt sich dann ein erster Trend und im Verlauf eine Trachtprognose erstellen.

## Messung des Eibesatzes

Möchte man die Aussichten auf eine mögliche Tannentracht schon frühzeitig beurteilen, dann bietet sich das Auszählen des Winter-Eibesatzes auf gewonnenen Tannenzweigen im Dezember oder Jänner an. Vom Auszähl-Ergebnis ausgehend und unter Zuhilfenahme der Witterungsdaten des vergangenen Herbstes lässt sich dann schon ein erster Trend feststellen.

In geselliger Runde bei Wintertreffen von Trachtbeobachtergruppen lässt sich bei guten Lichtverhältnissen der Eibesatz messen. In der warmen Stube lassen sich die grün schimmernden Eier auf abgeschnittenen Zweigen an der Unterseite, selten auch an der Oberseite der Tannennadeln leicht finden.

*Abb. 98: Vergrößertes, in natura ca. 1,5 mm großes, hellgrün schimmerndes „Buchneria-Ei"*
*(Quelle: Lässer Vinzenz)*

**Das Einholen der Erlaubnis zur Zweigernte beim Waldbesitzer versteht sich von selbst!**

Dabei werden aus einer Beobachterregion (= ca. 4 km², unterteilt in drei Bereiche) von mind. drei Standorten eines Bereichs behutsam mittels Leiter oder Stangenschere 0,5 m² Zweige von Tannen entnommen. Besser ist es, mehrere jüngere oder kleine, gut benadelte Zweige zu entnehmen als unbenadelte alte. Ein Zweigumfang von 50 x 50 cm entspricht einer Fläche von 0,25 m². Die Zweige werden vorsichtig übereinandergelegt und gut beschriftet, um sie wieder dem Standort zuordnen zu können. Heutzutage lässt sich via Smartphone und entsprechender Onlinetools die Entnahmeregion sehr exakt verorten! Die Zweige werden behutsam in einem großen Karton oder Nylonsack transportiert, um zu verhindern, das Eier abfallen können. Sind die gewonnenen Zweige noch feucht oder mit Schnee bedeckt, diese behutsam aus dem Nylonsack nehmen, um sie an einem schattigen kühlen Ort (Scheune, Carport, Tenne) abtrocknen zu lassen.

## Im Trockenen bei gutem Licht

Am hell ausgeleuchteten Arbeitsplatz wird mittels Meterstab an den entnommenen Zweigen die Zweigfläche ermittelt, um sie danach in kleine Stücke zu schneiden. Unter dem Licht einer Arbeitsleuchte werden die Nadeln (vorwiegend die Unterseite) der Zweigstücke auf Eier abgesucht. Durch Biegen und Drehen spreizen sich die Nadeln so weit ab, dass man die Eier gut sehen kann. Auf den zwei für die Weißtanne typisch weißen Längsstreifen der Nadelunterseite sind die sich im Licht spiegelnden Eier leicht zu entdecken. An den etwas kürzeren quirlständigen Nadeln, die nicht selten belegt sind, gilt es sorgfältig zu kontrollieren.

Jede Nadel mit Eibesatz wird mittels Pinzette abgezupft und in einer Schale gesammelt. Wenn alle Zweigstücke eines Standortes untersucht sind, werden die Eier gezählt und die „Anzahl Eier je m² Zweigfläche" berechnet. In Petrischalen lassen sich die abgezupften Nadeln mit Eibesatz an einem trockenen, schattigen Ort im Freien aufbewahren. Die Entwicklung im Frühjahr und der Schlupf (Ermittlung der Schlupfrate) von Stammmutterlarven kann mittels Lupe oder Binokular beobachtet werden. Ja sogar gut und schnell erreichbare Beobachtungsbäume (am Waldrand, im Garten) lassen sich mit den gesammelten Wintereiern bestücken und die „Buchneria" beobachten.

*Abb. 99: Sorgfältig geerntete und beschriftete Weißtannenzweige liegen bereit.*
*(Quelle: Buchner P. 2024)*

*Abb. 100: Mein Abklopftuch und/oder zwei Meterstäbe dienen zum Ausmessen der Zweigfläche.*
*(Quelle: Buchner P. 2024)*

*Abb. 101: Die Mitglieder der Waldtrachtgruppe Vorarlberg bei der Wintereiauszählung 2024* (Quelle: Buchner P. 2024)

Auch draußen in Jungwaldschonungen lassen sich Wintereier durch Kennzeichnung mit einem Wollfaden jederzeit wiederfinden. Ab April lässt sich bei regelmäßigen Kontrollen mit etwas Glück deren Schlupf und die nachfolgende Entwicklung der Stammmütter beobachten.

*Abb. 102: Abgezupfte Weißtannennadeln mit Eiern bei der Wintereiauszählung 2024* (Quelle: Buchner P.)

*Abb. 103: Ein Ei und vier frisch geschlüpfte Stammmutterlarven der Grünen Tannenrindenlaus* (Quelle: Buchner P.)

## Messung des Stammmutter- und Lachnidenbesatzes durch Auszählen

Ende April bis Anfang Mai bietet sich eine weitere Gelegenheit für eine Prognose. An gut besonnten Waldrändern wird an „Trachttannen = Indikatortannen"[10] nach Stammmutterlarven gesucht. Ameisenbelaufene Bäume und Zweige geben eine entsprechende Fahndungsfährte ab. Rußtaubehaftete Zweige sind ein weiteres Indiz, das den Beobachter zum Ziel führen kann.

*Abb. 104: Jüngste Stammmutterlarven der Grünen Tannenrindenlaus* (Quelle: Buchner P. 2023)

10 Weißtannen, die über mehrere Jahre guten Lausbesatz aufwiesen

Unter Zuhilfenahme eines weißen Kartons oder eines DIN-A4-Blatt, das laminiert oder in eine passende Klarsichthülle gesteckt wurde, werden die Zweige systematisch nach Stammmüttern abgesucht. Werden an Zweigen Stammmütter gefunden, wird deren Zweig sofort mit einem Wollfaden gekennzeichnet und deren Anzahl notiert.

Das weiße Papier oder der Karton erfüllt dabei zwei Zwecke:

- Wird ein Zweig über dem weißen „Kontrast" des DIN-A4-Blattes betrachtet, fällt es leichter, die zwischen den Nadeln sitzenden Lachniden zu finden. Durch vorsichtiges Entlangstreichen zwischen Papier und Zweigunterseite animiert man die Lachnide, sich zu bewegen, dadurch wird sie leichter sichtbar. So springt diese schreckhafte Lachnide oft nach oben oder zur Seite und gibt sich zu erkennen. Mit dieser Methode geben sich über das gesamte Jahr hinweg Stammmütter bis hin zu kleineren Larven gut zu erkennen.

*Abb. 105: Ein DIN-A4-Blatt als Hilfsmittel zum leichteren Auffinden der „Buchneria". Durch Entlangstreichen kommen die Lachniden zum Vorschein. Das DIN-A4-Blatt dient auch als Bezugsgröße.* (Quelle: Buchner P. 2022)

- Werden fünf Zweige mit der Größe eines DIN-A4-Blattes abgesucht, dient dieses auch als Bezugsgröße. Fünf abgesuchte Zweige entsprechen einer Fläche von etwa ⅓ m². So werden an drei Bereichen eines Standortes mindestens fünf Zweige abgesucht. So ergeben die inspizierten 15 Zweige eines Standortes die Anzahl der Lachniden je m² Zweigfläche.
- Fortlaufende Kontrollen dieser Standorte im Juni unter Beobachtung des Witterungsverlaufs lassen erkennen, ob man mit seiner Prognose richtiggelegen ist.

### Messung des Lachnidenbesatzes durch Abklopfen von den Zweigen

Diese Messung im Juni/Juli dient dazu, den besten bzw. ergiebigsten Standort zu finden, bevor man mit seinen Bienenvölkern anwandert. Tief beastete Weißtannen am Waldrand eignen sich dafür bestens.

Dieses Verfahren sollte nicht an so genannten Indikatorbäume durchgeführt werden. Durch das Abklopfen der Zweige von diesen Indikator- und Beobachterbäumen (Eibesatz + Stammmutterbesatz) fallen diese zur Beobachtung für kommende Folgejahre aus.

Für diese Methode wird ein weißes Fangtuch, welches über einen Holzrahmen gespannt ist, benötigt. Ein mit Filzstift aufgezeichneter 10-cm-Raster erleichtert das Auszählen der Lachniden. Ein kleines Fangtuch bietet den Vorteil, dass der Abklopfvorgang (Fangtuch halten und klopfen) allein ausgeführt werden kann. Bei einem großen Fangtuch erfordert es zwei Personen. Eine Person, welche das Fangtuch unter die Zweige hält, und jemanden, der klopft. Mein großes Fangtuch hat 1 m² und bietet den Vorteil, dass ich es auch zum Ausmessen der Zweigfläche bei der „Wintereiauszählung" einsetzen kann.

Vor dem Abklopfen wird das Fangtuch möglichst exakt unter den ins Auge gefassten Zweig gehalten. Als Zweige eignen sich gut erreichbare Wasser-Schosser oder herabreichende Äste, die nahezu im rechten Winkel vom Stamm abgehen und deren Größe sich gut abschätzen lässt. 5–6 kräftige Schläge mit einem gepolsterten Schlagstock möglichst nahe am Stamm lassen die Lachniden in das Fangtuch purzeln.

*Abb. 106: Hier zeigt sich die farbliche Variabilität.* *(Quelle: Buchner P. und Lässer Vinzenz 2023)*

Nach der Inspektion auf anklammernde Lachniden und vorsichtiger Entfernung von mitherabgefallenen Tannennadeln, Rindenstücken und Flechten wird das Fangtuch systematisch nach Rindenläusen abgesucht. Dabei hilft das aufgezeichnete Raster, damit keine Laus übersehen oder zweimal gezählt wird. Liegen viele Läuse im Fangtuch, die mitunter schnell das Weite suchen, helfen viele Augenpaare und eine entsprechende Sektoreneinteilung vorab bei der exakten Auszählung. Je nach Zweiggröße bedarf es der Abklopfung zweier oder dreier Zweige, um die Anzahl „Lachniden je m² Zweigfläche“ zu erfassen.

An einem Standort werden in je drei Bereichen = 1 m² Zweige abgeklopft. So lässt sich der Standort mit der größten Populationsdichte herausfinden.

Die **Kennzahl für eine gute Tannentracht liegt bei 100** oder **mehr Grünen Tannenrindenläusen** pro m² Zweigfläche. Wenn der Zustand des Tannenwaldes und somit die Nährstoffversorgung der Läuse gut ist, deren Sekretionsleistung und Honigtauqualität passt, kann es bei exzellentem Trachtwetter auch mit geringerer Besatzdichte zur Tracht (meist etwas bescheidener) kommen.

Neben der Anzahl der Lachniden kann dabei auch deren Altersstruktur, das heißt erwachsene Tiere oder Larven, erfasst werden. Findet man viele Stammmütter oder erwachsene F1-Larven im Fangtuch, kann davon ausgegangen werden, dass in den nächsten 2–3 Wochen die bestehende Populationsdichte noch weiter zunimmt. Finden sich nur Larven bei sämtlichen „Abklopfungen“ (Messungen), so wird die Populationsdichte eher stagnieren oder gar absinken.

Das Abklopfen und Auszählen lässt sich mit mind. zwei Personen leichter ausführen. Alle erfassten Daten werden sorgfältig zu Protokoll gebracht! Nur so lassen sich Ergebnisse aufeinanderfolgender Messungen zwischen Standorten, Regionen und verschiedenen Jahren vergleichen.

Bei Regenwetter und nassen Zweigen liegt die Abfallquote deutlich niedriger. Ebenso verschmutzt und durchnässt sich das Fangtuch rasch. Daher ist diese Methode bei Regenwetter ungeeignet.

| Lachnidenbesatz im Sommer Anzahl je m² Zweigfläche | Einschätzung der Tracht |
|---|---|
| › 100 Tiere | Sehr gut |
| 70–100 Tiere | Gut |
| 40–70 Tiere | Mäßig |
| ‹ 40 Tiere | Schlecht |

*Abb. 107: Trachteinschätzung durch Anzahl der Individuen im Fangtuch nach Liebig (1999, S. 119)*

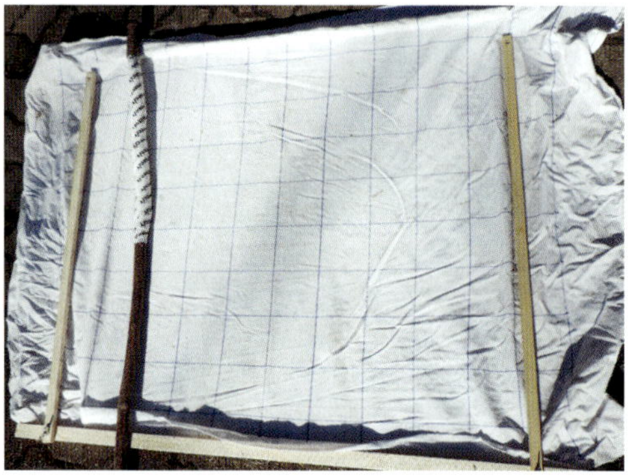

*Abb. 108: Mein Fangtuch mit Raster und gepolstertem Schlagstock* (Quelle: Buchner P. 2022)

## Auffangen von Honigtautropfen im Wald

Werden im Sommer große Honigtautropfen im Unterholz auf Brombeerblättern, Farn oder an flächigem Bewuchs bemerkt, kann diese weniger anstrengende Methode als das Abklopfen und Absuchen von Zweigen angewandt werden. Diese Methode setzt auch nicht voraus, dass es Tannenzweige in erreichbarer Höhe gibt. Sie setzt aber voraus, dass der Austrieb beendet ist und kein Honigtau von möglichen Triebläusen das Ergebnis verfälscht. Ebenfalls darf es nicht regnen!

Dabei werden mehrere DIN-A4-Blätter unter honigende Tannen gelegt. Vor dem Auslegen und nach dem Einsammeln nach 2 Stunden wird die Uhrzeit auf den Blättern notiert. Honigtautropfen der Grünen Tannenrindenlaus sind gut zu erkennen und werden mit einem Stift markiert und ausgezählt.

Grundlegend ist zu wissen, dass die Honigtauausscheidung eines Honigtauerzeugers nicht konstant ist, sondern sich im Verlauf des Tages und der Nacht verändert. Im Idealfall scheiden erwachsene Grüne Tannenrindenläuse pro Stunde 6–9 Honigtautropfen aus.

Liebig (1999, S. 122–123) erläutert:

*Am Abend und in der Nacht, wenn in den Tannen, die tagsüber in den Nadeln gebildeten und gespeicherten Assimilate in Richtung Stamm und Wurzeln abgeleitet werde, liegt sie in der Regel am höchsten und am Vormittag, wenn die Assimilats Speicher in den Nadeln noch nicht aufgefüllt sind, am niedrigsten.*

So kann die Honigtauausscheidung während der Nacht doppelt so hoch sein wie am späten Vormittag! Die Honigtauausscheidung wird auch von der Witterung beeinflusst und ist nach sonnigen, nicht zu heißen Tagen höher als nach bedeckter Witterung. Dieser Umstand gilt auch für andere Honigtauerzeuger.

*Abb. 109: Honigtautropfen unter einer Weißtanne, Anfang Juli 2016* (Quelle: Buchner P. 2016)

## Wissenswertes zum Kennenlernen

Um die Grüne Tannenrindenlaus beobachten zu können, muss man sie kennen. Es bedarf nicht nur des Wissens um deren Aussehen (Größe, Färbung) und Saugortes, sondern auch ihrer Verhaltensweise. Dies gilt ebenso für die anderen Honigtauerzeuger.

Prof. Pechhacker beschreibt die Grüne Tannenrindenlaus als eine sehr scheue Lachnide. Er beschreibt ihr Verhalten so:

*Nähert man sich rasch, versteckt sich diese Honigtauerzeugerin sofort an der Unterseite des Tannenzweiges. Will man sie an der Unterseite des Zweiges suchen befindet sie sich bereits wieder an der Oberseite. Hier hilft nur vorsichtiges Herannahen an die absuchenden Zweige.* (Pechhacker in Fossel et al. 1985, S. 11)

Liebig (1999, S. 123–124) rät dem Anfänger, jede sich bietende Gelegenheit zu nutzen, sich erfahrenen Trachtbeobachtern bei Waldexkursionen anzuschließen. Nur so kriege man einen hautnahen Kontakt mit diesem Honigtauerzeuger und lerne ihn auch richtig kennen.

Ebenfalls rät er, Zweige, die mit Lachniden besetzt sind, abzuschneiden und für den Transport und zu Hause in eine transparente Vase mit Wasser zu stellen. Dabei muss aus eigener Erfahrung sehr vorsichtig vorgegangen werden, da die Grüne Tannenrindenlaus sehr schreckhaft ist und bei Manipulation am Zweig schnell den Saugort verlässt, sich zu verstecken versucht oder gar abfällt. Glückt der Transport soll Alufolie unter den Bereich des Zweiges gelegt werden. Darauf sieht man schon nach kurzer Zeit die herabgefallenen Honigtautropfen und kann so den Sitz der einzelnen Läuse gut ausmachen. Dieser kleine Feldversuch bietet viele Gelegenheiten, die Grüne Tannenrindenlaus und ihre Lebensweise kennenzulernen.

- **Die typische Saugstellung:** Wo siedelt und saugt die Lachnide am liebsten? Wie muss ich den Tannenzweig betrachten, um die saugende Lachnide zu finden?
- **Geburt von Larven:** Geborene Larven werden auf den Nadeln abgestreift und siedeln schon nach kurzer Zeit entfernt vom Muttertier.
- **Häutung der Larven:** Bei der bis zu zwei Stunden dauernden Häutung zieht sich das Tier vom Saugort auf eine Nadel zurück. Dort verharren sie eine Zeit lang regungslos, um dann langsam aus ihrer Haut zu schlüpfen. Die alte Hauthülle bleibt an der Nadel haften oder fällt auf die Alufolie herunter.
- **Absondern von Honigtau:** Im Regelfall wird alle 10–30 Minuten ein Honigtautropfen von den saugenden Tieren abgeschleudert. Zuerst erscheint ein winzig-kleiner Tropfen am Hinterleib, der immer wieder rausgedrückt und eingezogen wird. Dabei wächst der wasserklare Tropfen und wird schließlich abgeschleudert, dabei fällt er hörbar auf die untergelegte Alufolie.
- **Herunterfallen oder Abwandern von Tieren:** Oft enden Abwanderungsversuche im Wasser der Blumenvase oder Tiere fallen auf die Alufolie.
- **Einprägen der Tiere:** Durch Abstreifen oder Abklopfen der Zweige in ein weißes Fangtuch bietet sich eine gute Gelegenheit, das Aussehen von erwachsenen Tieren und Larven einzuprägen. Es besteht die Möglichkeit, jedes Individuum unter Laborbedingungen bei guten Lichtverhältnissen zu inspizieren und zu fotografieren. Solche Bilder können dann am Computer vergrößert und noch genauer betrachtet werden.

*Abb. 110: Bienen bei der Honigtauaufnahme*
*(Quelle: Buchner P. 2023)*

Weiters helfen Ameisen, Wespen, Hummeln oder eben Bienen, die sich ebenfalls von Honigtau ernähren und so dem Beobachter den Weg zur Grünen Tannenrindenlaus weisen.

Ameisen treiben dabei mehrere Grüne Tannenrindenläuse entgegen ihren sonstigen Gewohnheiten zu kleinen Grüppchen zusammen. Werden Ameisen etwa durch eine breite Klebefolie vom Grüppchen ferngehalten, lösen sich diese in „Stallhaltung" bewachten kleinen Kolonien in kurzer Zeit wieder auf.

In Weißtannenregionen kann davon ausgegangen werden, dass alle 3–5 Jahre eine gute Waldtracht durch die Grüne Tannenrindenlaus entsteht.

*Abb. 111: Die „Solitärlaus" hier in Stallhaltung*
*(Quelle: Fink Christian 2023)*

## DIE LEBENSWEISE UND GENERATIONSFOLGE DER GROSSEN SCHWARZBRAUNEN TANNENRINDENLAUS „TODOLACHNUS" *(CINARA CONFINIS)*

Die Große Schwarzbraune Tannenrindenlaus ist wie die Grüne Tannenrindenlaus auf der Weißtanne zuhause, kann aber auch auf der Nordmann- oder Coloradotanne (Christbaumkulturen) angetroffen werden. In alten Büchern wird sie auch als Todolachnus geführt.

### Aussehen

Die Große Schwarzbraune Tannenrindenlaus wird manchmal auch Große Braunschwarze Tannenrindenlaus genannt. Sie ist mit 5–8 mm Größe der größte einheimische Honigtauerzeuger. Charakteristisch ist eine deutliche Segmentierung des Rückens. Durch ihre variierende „Tarn"-Farbe von Schwarzbraun bis Grau wird sie gerne übersehen. Sie ist nicht so bedeutend, wie die Grüne Tannenrindenlaus, kann aber je nach Region (2020 auch in Vorarlberg) sehr gut honigen.

**STECKBRIEF**
*GROSSE SCHWARZBRAUNE TANNENRINDENLAUS*
**Größe:** 5–8 mm groß
**Aussehen:** schwarzbraun bis grau segmentierter Rücken
**Fundort:** am Stamm von Jungtannen und an der Unterseite von armdicken Ästen größerer Tannen, bildet Kolonien, es können sich Honigtaupfützen bilden, dadurch Bienenbeflug in den Baum hinein.
**Trachtbeginn:** je nach Höhenlage ab Mai bis September

*Abb. 112: Steckbrief der Großen Schwarzbraunen Tannenrindenlaus*

*Abb. 113: Schon Mitte Mai waren 2022 im mittleren Rheintal Kolonien der Großen Schwarzbraunen Tannenrindenlaus in einer Größe von ca. 50–100 Individuen zu beobachten, die ausgiebig Honigtau produzierten.* (Quelle: Buchner P. 2022)

## Fundort und Entwicklungszyklus

Sie bildet Kolonien und siedelt und saugt gerne am Stamm von Jungtannen und an der Unterseite von armdicken Ästen größerer Tannen. Bei Massenbefall kann der ganze Stamm mit ihr übersät sein.

Nach Liebig (1999, S. 129) dürfte ihre Lebensweise sehr der auf der Fichte lebenden „Schwester" (Große Schwarze Fichtenrindenlaus) ähneln. Die Große Schwarzbraune Tannenrindenlaus platziert ihre schwarzglänzenden Eier meist in langen Zeilen (kettenartig) auf der Oberseite der Tannennadeln.

*Abb. 114: In einer Zeile angelegtes Gelege der Schwarzbraunen Tannenrindenlaus. Die am Anfang hellbraunen Eier verfärben sich später schwarz.* (Quelle: Buchner P. 2023)

## Populationsdynamik und Massenwechsel

Liebig (1999, S. 129–130) erwähnt, Stammmutterlarven können in milden Wintern schon Ende Februar schlüpfen und bei guter Vermehrung schon früh starke Primärkolonien ausbilden. Diese können schon Ende Mai bis Anfang Juni so viel Honigtau ausscheiden, dass sich eine Tannentracht ausbilden kann. Die Ausbreitung erfolgt, wie bei Lachniden üblich, über geflügelte Tiere aus der Primärkolonie heraus. Diese siedeln, wie erwähnt, am Stamm von Jungtannen und an der Unterseite von armdicken Ästen größerer Tannen.

*Abb. 115: Zwei geflügelte Weibchen am oberen Rand der abgesetzten Larvenkolonie. Fotografiert am 4. Mai 2022 in einer Christbaumkultur (600 m), ca. 25 Tiere (Quelle: Buchner P. 2022)*

*Abb. 116: Schöne Kolonie der Großen Schwarzbraunen Tannenrindenlaus mit Honigtautröpfchen am selben Wirtsbaum wie auf den Bildern zuvor. Fotografiert am 4. Mai 2022 in Dornbirn (Quelle: Buchner P. 2022)*

*Abb. 117: Dieselbe Kolonie der Großen Schwarzbraunen Tannenrindenlaus mit den zwei geflügelten Weibchen, vier Tage später am 8. Mai 2022 fotografiert. Das untere Weibchen bringt gerade eine Larve zur Welt. Schön zu sehen ist auch das Wachstum der Kolonie! Innerhalb von vier Tagen fand eine Verdoppelung der Populationsgröße mit ca. 50 Tieren statt. (Quelle: Buchner P. 2022)*

## Beobachterfazit und Methodik

Auch bei dieser Lachnide ist es nicht oder kaum möglich, durch Beurteilung des Eibesatzes oder der Stammmutterzahl die Aussichten auf eine Honigtautracht frühzeitig zu beurteilen.

Die in langen Ketten gelegten Eier lassen sich selten in den Wintermonaten auf abgeschnittenen Zweigen an der Oberseite der Tannennadeln daheim in der hellen, warmen Stube (bei der Wintereiauszählung der Buchneria), aber auch draußen in Jungwaldschonungen finden.

Schon ab Mitte April lassen sich Primärkolonien an der Zweigunterseite mit einer oder zwei Stammmüttern und mehreren F1-Töchtern an fingerdicken Zweigen oder am Stamm von Jungtannen finden.

Die Tiere der Primärkolonien und der folgenden Sekundärkolonien schleudern den Honigtau aktiv weg. Dieser findet sich oft auf den darunterliegenden Zweigen oder im Unterholz. Sitzt die Kolonie am Stamm, können sich regelrecht Honigtaupfützen bilden, die von Bienen mit Eifer beflogen werden. Der Bienenbeflug erfolgt daher in den „Baum hinein" und nicht, wie bei anderen Lachniden, außen an die Zweigspitzen.

Wie jede Lachnidentracht ist auch diese Tannentracht witterungsanfällig. Dennoch waschen leichte Regenfälle den im Inneren des Baumes liegenden Honigtau nicht so schnell ab wie Honigtau an den Zweigspitzen. Die Dauer dieser Tannentracht kann bis in den September hinein möglich sein.

*Abb. 118: Zirkulärer Besatz am Stamm einer Jungtanne durch die Große Schwarzbraune Tannenrindenlaus* (Quelle: Buchner P. 2020)

*Abb. 119: Biene bei der Aufnahme von Honigtau am 25. September 2021 von der Schwarzbraunen Tannenrindenlaus* (Quelle: Buchner P. 2020)

Um Feinde abzuwehren, kann diese Lachnide sowie die nachstehend beschriebene *Cinara curvipes* im Kollektiv synchron ausgeführte wellenartige Bewegungen mit ihrem Hinterleib ausführen.

## DIE LEBENSWEISE UND GENERATIONSFOLGE DER MATTSCHWARZEN TANNENRINDENLAUS „COLORADOLAUS" *(CINARA CURVIPES)*

Angst, A., Scheurer, S., Forster, B. (2007, S. 247) schildern den Einwanderungsweg der Mattschwarzen Tannenrindenlaus nach Europa wahrscheinlich über Baumimporte nach Großbritannien. Die Colorado-Tannenrindenlaus oder Mattschwarze Tannenrindenlaus, wie die amerikanische Schwester der heimischen Schwarzbraunen Tannenrindenlaus auch genannt wird, wurde das erste Mal im Jahr 2000 in Deutschland und 2007 in der benachbarten Schweiz gesichtet. Sie ist inzwischen in ganz Europa weit verbreitet.

Der beschriebene Erstfund in Österreich an einem Christbaum in Tirol und die Rückverfolgung in die entsprechende Christbaumkultur wurden im Jänner 2014 dokumentiert.

Inzwischen ist sie mehrfach in Österreich und von mir auch in Vorarlberg nachgewiesen worden.

*Abb. 120: Die namensgebenden lang gebogenen Schienen des hinteren Beinpaars sind hier gut zu sehen.* (Quelle: Buchner P. 2023)

**STECKBRIEF**
*MATTSCHWARZE TANNENRINDENLAUS „COLORADOLAUS"*
**Größe:** 6–8 mm groß
**Aussehen:** birnenförmiger Körper, mattschwarz bis silbergrau gefärbt, orangegelbe Beine, von denen das dritte besonders lange und gebogen ausgeführt ist, wichtigstes Unterscheidungsmerkmal zur heimischen Schwester
**Fundort:** am Stamm von Jungtannen und an der Unterseite von armdicken Ästen größerer Tannen, bildet Kolonien, es können sich Honigtaupfützen bilden, dadurch Bienenbeflug in den Baum hinein
**Trachtbeginn:** je nach Höhenlage ab Mai bis Oktober

*Abb. 121: Steckbrief Mattschwarze Tannenrindenlaus „Coloradolaus"*

## Aussehen

In ihrem Aussehen ähnelt diese invasive Laus sehr ihrer europäischen Schwester. Perny (2014, S. 28–30) beschreibt ihre Biologie wie folgt. Die bis zu 6 mm großen Läuse haben einen birnenförmigen Körper und sind mattschwarz bis silbergrau gefärbt. Vor allem Jungtiere können stark mit Wachs bepudert sein und dadurch silbergrau erscheinen. Ihre orangegelben Beine, von denen das dritte besonders lang und gebogen ausgeführt ist, dient auch als wichtigstes Unterscheidungsmerkmal zu ihrer heimischen Schwester auf der Weißtanne. Diese lang gebogenen Schienen des Hinterbeinpaars gaben ihr auch den entsprechenden lateinischen Namen *Cinara curvipes* (*Curvus* = krumm, *Pes* = Fuß).

## Fundort und Entwicklungszyklus

Nebst ihrem Vorkommen auf zahlreichen verschiedenen Tannenarten (Weißtanne, Nordmanntanne, Coloradotanne) wurde diese invasive Art auch auf Zedern, Kiefern und Fichten gesichtet.

Perny (2014, S. 29) erwähnt:

*Ein Beispiel dafür ist die Blaufichte (Picea pungens var. glauca), die sowohl in Christbaumkulturen wie auch in Gärten häufig ist. Funde von C. curvipes an Atlaszeder (Cedrus atlanticus) in England und Serbien zeigen, dass noch weitere Koniferenarten besiedelt werden können.*

Ihr „nicht wählerischer" Anspruch an den Wirtsbaum und die daraus resultierende Wirtsvielfalt sowie ihr Vermehrungsverhalten macht sie zu einer äußerst invasiven Art.

Ihr Siedlungs- und Saugort ist der Stamm und die Unterseite der bis zu armdicken Äste. Ab Ende März wird ein rasches Anwachsen von Kolonien bis zu Tausenden Läusen beschrieben. Die Anzahl der Kolonien ist im Sommer meist rückläufig, während die geflügelten Formen den Ausbreitungsflug antreten. Im Spätsommer oder Herbst wird in der Regel ein zweites Populationsmaximum erreicht.

Als Grundlage für ihre rasche Vermehrung gilt die Tatsache, dass ihre Entwicklung parallel auf zwei Ebenen ablaufen kann.

Nebst der Überwinterung als Wintereier kann gleichzeitig in sehr milden Wintern die letzte Generation Weibchen des Vorjahres überleben und sich am Aufbau großer Kolonien im Folgejahr beteiligen. So kann sie sich **holozyklisch** sowie **anholozyklisch** vermehren. Daher ist zu befürchten, dass durch den Klimawandel und höhere Wintertemperaturen, also durch milde Winter, die Massenvermehrung in Zukunft begünstigt wird. Die zeitliche Spanne des Populationsmaximums erstreckt sich vom Mai bis in den Oktober. Das Vorkommen der Mattschwarzen Tannenrindenlaus ist häufig mit Ameisen vergesellschaftet, doch kommt es auch ohne Ameisenbesuch zur Bildung großer Kolonien.

*Abb. 122: Großer Honigtautropfen am oberen Bildrand bei einer Kolonie der Mattschwarzen Tannenrindenlaus* (Quelle: Willi A. 2021)

## Beobachterfazit und Methodik

Diese Lachnidenart lässt sich aufgrund ihrer Wirtsbäume sehr gut und gerne in Christbaumkulturen oder an Wirtsbäumen in Parkanlagen beobachten. Dort ist sie nicht gerne gesehen, weil der liegengebliebene Honigtau zu Rußtau-Verpilzungen an den Nadeln, aber auch an darunterliegenden Skulpturen und anderen Bauwerken führt. So hat sie dadurch in Deutschland und Tschechien in Christbaumkulturen und Parkanlagen Schädlingsstatus erreicht.

Sie ist aber auch vermehrt in Mischwäldern mit Weißtannenbestand zu finden. Ihr Beobachterfazit deckt sich aufgrund der nahezu identen Verhaltensweise mit dem der europäischen Schwester, der Schwarzbraunen Tannenrindenlaus. Die Mattschwarze Tannenrindenlaus kann auch in Koexistenz mit ihr auftreten.

*Abb. 123: Bienen bei der Aufnahme von herabgefallenem Honigtau von der „Coloradolaus“* *(Quelle: Willi A. 2021)*

*Abb. 124: Von Waldameisen gepflegte „Coloradolaus“-Kolonie an einer ca. 15 cm dicken Weißtanne* *(Quelle: Buchner P. 2022)*

*Abb. 125: Cinara Curvipes an einem armdicken Ast einer Weißtanne. Der gesamte Wirtsbaum war übersät mit Tieren. Zeitpunkt der Fotographie war der 27. September 2023.* *(Quelle: Buchner P. 2023)*

# ÜBERSICHTSDARSTELLUNG: DIE BEOBACHTUNG DER BIENENWIRTSCHAFTLICH WICHTIGEN HONIGTAUERZEUGER DER WEISSTANNE/TANNE

| Art | Entwicklungsstadium | Fundort | Bezugsgröße | Messmethode | Zeitraum |
|---|---|---|---|---|---|
| Grüne Tannenrindenlaus „Buchneria“ | Eier | Vor allem Unter- und manchmal auch Oberseite von ein- und mehrjährigen Nadeln | Anzahl pro m² Zweigfläche | Zweige abschneiden, ausmessen und Nadel für Nadel absuchen | Nov. – Feb. |
| | Larven und erwachsene Tiere | Tannenzweige | Anzahl pro m² Zweigfläche | Erreichbare Zweige/Äste und Wasserreiser abklopfen und Läuse mit Fangtuch auffangen<br>Zweige über einem weißen Karton bestimmter Größe (DIN A4) nach Läusen absuchen | Mai – Okt. |
| | | | Anzahl von Honigtautropfen pro Flächen- und Zeiteinheit | DIN-A4-Papierblätter auslegen und über eine bestimmte Zeit Honigtautropfen auffangen | Juni – Sep. |
| Große Schwarzbraune Tannenrindenlaus | Primärkolonien | Daumen- bis armdicke Zweige, meist auf wenige Bäume konzentriert (Bsp. an Christbaumkulturen) | Wenn man keine entdeckt, kann es dennoch zu einem Massenbefall kommen | | April – Mai |

| Art | Entwicklungs-stadium | Fundort | Bezugsgröße | Messmethode | Zeit-raum |
|---|---|---|---|---|---|
| Große Schwarzbraune Tannenrindenlaus | Geflügelte und Sekundär-kolonien | Nadellose Äste und beindicke Stämme von jungen Tannen (Bsp. an Christbaum-kulturen) | Anzahl pro Baum und Größe der Kolonien | Ältere und junge Tannen sorgfältig absuchen und Anzahl und Größe der Kolonien beurteilen | Juni – Juli |
| Mattschwarze Tannenrinden-laus „Colorado-laus“ | Primär-kolonien | Stamm und Daumen- bis armdicke Zweige, meist auf wenige Bäume konzentriert (Bsp. an Christbaum-kulturen) | Wenn man keine entdeckt, kann es dennoch zu einem Massen-befall kommen | | April – Mai |
| | Geflügelte und Sekundär-kolonien | Nadellose Äste und beindicke Stämme von jungen Tannen (Bsp. an Christbaum-kulturen) | Anzahl pro Baum und Größe der Kolonien | Ältere und junge Tannen sorgfältig absuchen und Anzahl und Größe der Kolonien beurteilen | Juni – Okt. |

*Abb. 126: Übersichtsdarstellung nach Liebig und Buchner: Die Beobachtung der bienenwirtschaftlich wichtigen Honigtauerzeuger der Weißtanne/Tanne*

## TANNENNAPFSCHILDLAUS *(EULECANIUM SERICEUM)*

Selten ist die 7–10 mm große, braune Tannennapfschildlaus an der Zweigrinde zwischen den Nadeln zu finden. Diese mit Wachs bepuderte Schildlaus präsentiert sich halbkugelig. Bei uns hat sie keine bienenwirtschaftliche Bedeutung. Im mediterranen Raum kann sie zu kleinräumigen Trachten führen (Kloft et al. 1985, S. 237).

*Abb. 127: Tannennapfschildlaus mit Marienkäferlarve* (Quelle: Buchner P. 2022)

## WEISSTANNENTRIEBLÄUSE *(MINDARUS ABIETINUS)*

Triebläuse gibt es nicht nur auf Laub-, sondern auch auf Nadelbäumen. Diese als Forstschädling bekannte Laus saugt je nach Höhenlage ab Mitte Mai an der Unterseite der jungen Nadeln und zu einem geringen Teil an den jungen Trieben. Infolge des Befalls krümmen sich die Nadeln abwärts und verwelken. Dies kann bis zum Absterben des ganzen Triebes führen. Dadurch können diese Triebläuse große Schäden in Christbaumkulturen, aber auch im Jungwald bereiten. Diese für die **Waldtracht irrelevanten,** von türkis-grüner bis bläulich weißer Wachswolle umgebenen Läuse sondern auch kleine Tröpfchen dünnflüssigen Honigtaus ab. Dieser wird aber nicht von der Honigbiene beflogen. Der Saugort am Maitrieb der Weißtanne und die entsprechenden Körpermerkmale lassen bei genauerer Betrachtung erkennen, dass es sich nicht um die Grüne Tannenrindenlaus handelt (Quelle: Forstliche Bundesversuchsanstalt 2024). Aus einem Mangel an Wissen um diese Laus, hat sich schon so manch ein Imker zu einer Fehlwanderung verleiten lassen.

*Abb. 128: Liegen diese Triebläuse der Weißtanne nach einer „Abklopfung" im Fangtuch, können sie aus Unerfahrenheit mit der Grünen Tannenrindenlaus verwechselt werden.* (Quelle: Buchner P. 2020)

# ZIELE DER WALDTRACHT-BEOBACHTUNG

Will man **vorausschauend** das Einsetzen oder Ausbleiben einer Waldtracht erkennen, muss bei ihrer Beobachtung der Schwerpunkt auf die bienenwirtschaftlich wichtigen Honigtauerzeuger und deren Entwicklung gelegt werden.

Wie jede Nektartracht ist auch jede Honigtautracht zeitlich und regional begrenzt. Nur sind deren Beginn, ihre Ergiebigkeit und Dauer sehr viel schwerer zu beurteilen als eine Blütentracht.

Wer schon einmal versucht hat, den Beginn einer Waldtracht eines ganz bestimmten Honigtauerzeugers herauszufinden oder den Ort zu bestimmen, wo es wohl am besten honigen wird, versteht und weiß, wie schwer dies ist. Die Beobachtung der Honigtauerzeuger setzt ein Grundwissen voraus, macht Mühe und kostet Zeit.

- Die Trachtbeobachtung dient dazu, die Aussichten auf eine ergiebige Waldtracht frühzeitig (vor dem Einsetzen) beurteilen zu können und
- ihren Verlauf und ihre Dauer unter Berücksichtigung der Witterung einzuschätzen.

**Um bei der Trachtbeobachtung Erfolg zu haben, ist es eine Voraussetzung, dass der Imker die Honigtauerzeuger kennt, um deren Vermehrungsweise weiß und die Besatzdichte (daraus resultierende Ergiebigkeit) beurteilen kann.**

Wer somit die Entwicklungszyklen der einzelnen Honigtauerzeuger kennt und über entsprechendes Beobachter-Knowhow verfügt, kann sich dann an die für die praktische Imkerei wichtige Waldtrachtvorhersage/Prognose heranwagen.

So können erfahrene Lausbeobachter mit entsprechendem Beobachter-Knowhow in einer von ihnen oft schon über Jahre vertrauten Bewaldung regionsbezogen zu bestimmten Honigtauerzeugern Trachtprognosen erstellen, die sich dann oft bewahrheiten.

## WALDTRACHTBEOBACHTUNG ALS TEAMARBEIT

Um die Einschätzung mehrerer Standorte einer bestimmten Region vorzunehmen, bedarf es eines Teams von mehreren „Lausbuben und -mädchen“.[11]

Dies können vereinsinterne Beobachter, befreundete Imker und Beobachtergruppen an möglichst vielen verschiedenen Standorten in den zu beobachtenden Regionen sein. Diese teilen sich verschiedene Baumarten mit deren Honigtauerzeugern auf. Viele Augen sehen mehr, viele Hände bringen mehr zustande. Ein Zusammenschluss von Beobachtern in Gruppen bietet viele Vorteile. Liebig (1999, S. 214–215) schildert die Vorteile wie folgt:

- Durch Beobachten im Team steigt die Motivation.
- Bessere Arbeitsaufteilung, dadurch verringert sich der Arbeitsaufwand.
- Der Erfahrungsaustausch in der Gruppe vor Ort ermöglicht es, dass jedes einzelne Teammitglied vom Wissen des anderen profitieren kann und denselben Wissensstand hat.
- Die Kontinuität der Beobachtung ist durch Teamarbeit gesichert (Einspringen bei Krankheit oder Urlaub).
- Utensilien zur Trachtbeobachtung können besser genutzt werden.
- Die Ausbildung und Betreuung neuer Teammitglieder ist gewährleistet.

Geschehen diese Beobachtungen systematisch über einen langen Zeitraum, können anhand der geführten Aufzeichnungen und dem so entstandenen Know-how aktuelle Einschätzungen zur momentanen Trachtaussicht gegeben werden und darüber hinaus findet ein „Abbilden“ der Region bezüglich Waldtracht statt. Findet die Waldtrachtbeobachtung durch Arbeitsteilung im Team statt, profitieren schlussendlich alle Teammitglieder.

### Erfolgreiches Monitoring – Beobachten der Waldtracht

1. Honigtauerzeuger erkennen!
2. Wie sehen sie aus?
3. Wo finde ich sie?
4. Honigtauerzeuger kennen!
5. Wie leben sie und vermehren sie sich?
6. Gute und schlechte Vermehrungsbedingungen.
7. Besatzdichte beurteilen!
8. Was für Schlussfolgerungen ziehe ich aus dem Ergebnis?
9. Dokumentation der Beobachtungen und des Ergebnis.
10. Auswertung der Ergebnisse!

*Abb. 129: Die Voraussetzungen für ein erfolgreiches Monitoring/Beobachten der Waldtracht*
*(© Werbeagentur Rypka, nach Quelle: Peter Buchner)*

[11] Männliche und weibliche Waldtrachtbeobachter

## DER WALD ALS BEOBACHTERREGION

Waldregionen und Waldabschnitte, die in der Vergangenheit schon Honigtau dargeboten haben und somit für ertragreiche Waldhonigernten gut waren, eignen sich besonders als Trachtbeobachterregionen.

Bewährte, mitunter naheliegende Wanderstandorte, Christbaumkulturen oder selbst der Heimbienenstand mit angrenzenden Jungwaldschonungen und verschieden alten, tief beasteten Waldbeständen sind ideal, um mit der Waldtrachtbeobachtung zu beginnen.

Wärmere Waldregionen, die oft tiefer liegen, gelten oft als „Starter-Standorte". Hier beginnt der Vermehrungszyklus der Honigtauerzeuger früh. Diese Indikatorflächen geben den Takt vor für die weitere Terminplanung der einzelnen Beobachter in den oft höher gelegenen, kühleren Standorten.

### Abschnitts- und Bereichskontrollen

Als Richtgröße einer zur Trachtbeobachtung geeigneten Waldregion kann man den **natürlichen Flugradius** (ca. 4 $km^2$) eines Bienenvolkes hernehmen. Die Waldregion sollte gut erreich- und begehbar sein, in ihrer Größe konstant und in drei bis vier Bereiche/Abschnitte unterteilt sein.

Je Bereich/Abschnitt, sollen 5–10 Wirtsbäume aller Altersklassen, die gut zu beobachten sind, auf Honigtauerzeuger-

*Abb. 130: Die tiefe Beastung am Waldrand eines Plenterwaldes eignet sich hervorragend zur Trachtbeobachtung.* (Quelle: Buchner P. 2023)

Populationen kontrolliert werden. Je nach Höhenlage, Witterung und Honigtauerzeuger kann ab Ende März mit der Suche nach Stammmüttern bei Lachniden begonnen werden. Ab Mitte April lohnt es sich, auch die Entwicklung der Großen Lecanien zu kontrollieren. Während der Entwicklungsphase sollen die ausgewählten Waldabschnitte regelmäßig kontrolliert werden.

Genauere Informationen über den phänologischen Erscheinungstermin der einzelnen Honigtauerzeuger können dem Trachtkalender, der Übersichtsdarstellung sowie dem Beobachterfazit der Honigtauerzeuger entnommen werden.

Die Information über das Vorhaben der Trachtbeobachtung sowie die Einwilligung des Waldbesitzers zur regelmäßigen Begehung und Kennzeichnung einzelner Waldbäume durch Wollfäden oder mit Wachskreide sollte gegeben sein.

**Eine entsprechende Jahresplanung durch einen erfahrenen Kollegen, der einem auch vor Ort beim Kennenlernen der Honigtauerzeuger zur Seite steht, ist zu Beginn unerlässlich.**

Gute Lichtverhältnisse, am besten Sonnenschein, erleichtern das Auffinden der kleinen Honigtauerzeuger sehr. Zur besseren Ausleuchtung von Einzeltieren im Nahbereich, aber auch von Populationen, die im Bauminneren weiter oben gelegen sind, kann eine starke Taschen- oder Stirnlampe guten Dienst leisten.

*Abb. 131: Trachtbeobachterregion in 3–4 Abschnitte/Bereiche unterteilen.*
*(© Werbeagentur Rypka, nach Quelle: Pölzl Hubert)*

## UTENSILIEN ZUR TRACHTBEOBACHTUNG

Die unten angeführten Utensilien zur Kennzeichnung und Sichtung sowie Dokumentation der Fundorte werden benötigt, bevor es losgehen kann.

- Bunter Wollknäuel und Wachskreide
- Lupe
- Fernglas
- Fotoapparat
- Smartphone (um gemachte Bilder zu verorten)
- Notizkalender
- Dokumentationsblatt
- Stirn- oder Taschenlampe
- Fangtuch mit Schlagstock (für Grüne Tannenrindenlaus)

Zum Aufsuchen der Grünen Tannenrindenlaus ist zusätzlich ein weißes DIN-A4-Blatt, zur Messung des Lachnidenbesatzes ein Fangtuch mit gepolstertem Schlagstock hilfreich bzw. nötig.

*Abb. 132: Utensilien zur Waldtrachtbeobachtung und Dokumentation* (Quelle: Buchner P. 2022)

Bei jeder Waldbegehung wird die Besatzdichte der einzelnen Honigtauerzeuger in den einzelnen Bereichen/Abschnitten an den Zweigen und Ästen der ausgewählten Bäume nach den erläuterten Methoden gemessen und dokumentiert.

## EIN GUTER TRACHTBEOBACHTER SOLLTE ...

- die zu Beobachtung benötigten Utensilien bei sich tragen.
- die wichtigsten Honigtauerzeuger kennen, finden und erkennen.
- zwischen Primär- und Sekundärkolonie unterscheiden und die Besatzdichte einer Kolonie bestimmen können.
- die Entwicklung anhand der Altersstruktur der einzelnen Tiere (Stammmütter, Geflügelte) einschätzen können.
- den Vegetationsfortschritt beurteilen können.
- die Waagstockentwicklung, Witterung und das Wetter in die Einschätzung miteinbeziehen.

*Abb. 133: Ein mit Wollfaden gekennzeichneter Zweig mit Großen Lecanien* (Quelle: Buchner P. 2022)

## EINIGE TIPPS ZUM BESSEREN AUFFINDEN DER HONIGTAUERZEUGER

Zuerst informiert man sich theoretisch und liest entsprechende Literatur, aber, wie mehrfach erwähnt, ist die persönliche Weitergabe von Wissen eines erfahrenen Waldtrachtbeobachters vor Ort durch nichts zu ersetzen.

Man lässt sich von einem erfahrenen Kollegen verschiedene Honigtauerzeuger am Wirtsbaum zeigen. Man muss die Honigtauerzeuger erst einmal gesehen haben, um sie dann allein immer wieder zu finden.

Man gehe mit offenen Augen durch den Wald. So sind wasserklare Tröpfchen an einem Schönwettertag auf Blättern oder am Unterwuchs mit Sicherheit Honigtautröpfchen. Es gibt keinen Honigtau ohne Honigtauerzeuger. Man muss die Honigtauerzeuger eben suchen.

Mit großer Sicherheit verraten Ameisen als Wegweiser den Pfad zu den Honigtauerzeugern.

Ruhiges und vorsichtiges Vorgehen beim Suchen der Honigtauerzeuger ist angebracht (Pechhacker in Fossel et al., 1985, S. 10).

Bäume mit Rußtaubildung am Waldrand outen sich oft als „Indikatorbäume". Deren Rußtaupatina und Flechtenbewuchs resultieren zum Großteil aus herabgefallenem, ungenutztem und als Substrat fungierendem Honigtau. Diese Rußtaupatina ist oft nach Jahren noch an Zweigen und Nadeln zu sehen.

Um möglichst früh im Jahr zu erfahren, ob es eine Waldtracht geben kann, ist es wichtig, die Entwicklung der Honigtauerzeuger während des gesamten Jahresverlaufs zu beobachten. Dazu sollen in regelmäßigen Abständen Waldexkursionen durchgeführt werden, um die Entwicklung der Honigtauerzeuger sowie ihr Entwicklungspotential einschätzen zu können. Gibt es mehrere Beobachtergruppen, die solche Beobachtungen in Waldbereichen einer Region machen, so kann ein flächiges Bild der Entwicklung der Honigtauerzeuger entstehen. Ist das entsprechende Beobachter-Know-how[12] vorhanden, kann mit dem Vergleichen der Ergebnisse vergangener Trachtjahre abgeschätzt werden, ob und wann es in dieser Region zu einer Waldtracht kommen kann (bienen&natur 2021/1, S. 37).

*Abb. 134: Der Rußtau an diesem Weißtannenzweig lässt erkennen, wann diese Tanne das letzte Mal gehonigt hat. Die Nadeljahrgänge verraten, dass es zwei Jahre keinen Honigtau gegeben hat.* (Quelle: Buchner P. 2023)

12 Jegliche Kenntnis über die Bedingungen und Voraussetzungen zur Entstehung einer Honigtautracht, gepaart mit langjähriger, praktischer Beobachtererfahrung.

## DOKUMENTATION DER BEOBACHTUNGEN

„Wer schreibt, der bleibt"!

Dieser Grundsatz gilt für viele Bereiche des alltäglichen Lebens und auch für die Trachtbeobachtung. Nur wer Beobachtungen dokumentiert, wird auf Dauer Erfolg haben. Vorgefertigte einheitliche Formulare (siehe im Anhang) sind zur Dokumentation des Beobachteten und der Messergebnisse von Vorteil. Durch Eingabe der Daten in ein Computerprogramm mit Tabellenkalkulation lassen sich Auswertungen und die Speicherung der Daten bewerkstelligen und sichern.

**Die heutige Zeit ermöglicht es, dass „jede Person" ein Smartphone mit sich trägt. Je nach Kameraqualität lassen sich via Smartphone Fotos der einzelnen Honigtauerzeuger mit sehr guter Bildqualität erstellen. So lässt sich recht einfach ein Bilderarchiv mit entsprechender Chronologie erstellen.**

**Ein weiterer Vorteil ist, dass sich so gemachte Fotos via „Maps", über virtuelle Karten, genauestens in der Beobachterregion verorten lassen. Damit ist über die Verortung jederzeit ein bestimmter Baum (Waldstück) leicht wiederzufinden.**

Ein **Rückblick** auf die Trachtsaison und die Evaluation des „Beobachteten" sowie das In-Bezug-Bringen mit dem erwirtschafteten Ertrag (Waagstock und Ernteergebnis) der Trachtregion bringt Ergebnisse. Werden diese Daten mit den Ergebnissen vergangener Jahre verglichen, erlangt man fortwährend die Fähigkeit, treffsichere Prognosen zur Trachtregion erstellen zu können. Nicht selten zeigt der Vergleich der Ernteergebnisse zu Saisonende, wo das „Epizentrum" des Trachtgeschehens und somit der höchste Ertrag zu verzeichnen war.

# SITUATION IN VORARLBERG

Für eine gute Nutzung der Wald- und Tannentracht ist ihre Beobachtung von großer Wichtigkeit. Diese Beobachtung gelingt wiederum nur, wenn man die bienenwirtschaftlich wichtigen Honigtauerzeuger kennt, wenn man weiß, wie sie aussehen und wo bzw. wie sie leben.

In Vorarlberg werden von mir seit 3 Jahren regelmäßige Waldtrachtvorträge und Waldexkursionen durch den Landesverband angeboten. Im Jahr 2022 wurde durch meine Initiative ein Trachtwarte- und Beobachter-Netzwerk gegründet.

Ziele dieses Netzwerkes sind regelmäßige Treffen, um

- gemeinsame Waldbegehungen durchzuführen,
- Erfahrungen und Erkenntnisse auszutauschen,
- durch Wissens- und Know-how-Transfer voneinander zu lernen,
- erhobene Daten in Vorträgen zu evaluieren,
- gemeinsame Ausflüge und Exkursionen zu machen,
- systematisches Beobachten in allen Regionen Vorarlbergs durchzuführen, um so die einzelnen Trachtregionen „abzubilden".

In diesem so entstehenden „Forum und Netzwerk" sollen bienenwirtschaftlich relevante Themen zur Tracht besprochen werden.

Die im Netzwerk eingebundenen Beobachter und Trachtwarte fungieren dadurch als Multiplikatoren in den einzelnen Ortsvereinen Vorarlbergs. Sie bringen ihr erworbenes Wissen zu den Mitgliedern der Vereine.

**Der Mikrokosmos der Honigtauerzeuger erschließt sich nur dem, der sich auf deren Beobachtung einlässt!**

*Abb. 135: Der Trachtbeobachter bei Erklärungen an einer jungen Weißtanne beim Beobachtertreffen* (Quelle: Buchner P. 2022)

# OPTIMALE HONIGTAU-TRACHTTAGE SIND ...

Das eine adäquate Nährstoff- und Wasserversorgung für den Wirtsbaum und so indirekt auch für die Entwicklung der Honigtauerzeuger unerlässlich ist, wurde schon erwähnt. Honigtauerzeuger scheiden nachts mehr Honigtau aus als tagsüber. Der so angesammelte Honigtau bietet dem Bien am frühen Morgen einen reichlich gedeckten Tisch. Heiße Temperaturen zur Tagesmitte lassen Honigtau oftmals eintrocknen. So sind der frühe Morgen und der späte Abend meist die ergiebigsten Sammelzeiträume für den Bien.

Nun ist es soweit, ein Massenbefall an Honigtauerzeugern ist gegeben. Wie schaut das optimale Setting vor Ort aus, sodass der Bien aus dem „Vollen" schöpfen kann?

„Tüpiges, kübies Wetter braucht's", dies pflegte mein Vater und imkerlicher Lehrmeister Buchner Alois zu sagen. Er meinte damit schwül-warmes, feuchtes und leicht bedecktes Tageswetter.

Präziser gesagt, ideale Wetterbedingungen an einem Honigtautag sind ...

- wenn die Tageshöchsttemperaturen zwischen 20 und 28 °C liegen.
- wenn es leicht bedeckte Witterung hat (kaum pralle Sonne).
- wenn kaum Wind bis Windstille vorherrscht (gewährleistet ein nicht zu schnelles Eintrocknen des Honigtaus).
- wenn es eine Temperaturdifferenz zwischen Tag und Nacht von mehr als 12 °C gibt und sich Morgentau ausbilden kann (befeuchtet den bestehenden Honigtau).
- wenn es am Abend ab und zu ein „Netzerle"[13] macht.
- zum Feuchthalten der Vegetation und der Versorgung der Wirtsbäume bedarf es jeden dritten bis vierten Tages einen „leisen Landregen", und diesen am besten nachts.

Hochdruckeinfluss und eine stabile Großwetterlage mit schwachem, mildem Wind aus südlicher Richtung sind ideal! Im Gegensatz dazu ist eine instabile, kühle Witterung mit täglichem Niederschlag und Ostwind (Bise) unerwünscht.

[13] Leichteste Form von Regen

# MIT BIENEN WANDERN

Imker im Haupt- oder Nebenerwerb können und wollen auf eine Bienenwanderung zu bestimmten Trachten nicht verzichten. Mehr Honigertrag war schon in früheren Zeiten wohl das Hauptmotiv, um mit Bienen auf Wanderschaft zu gehen. Gerade das Anwandern einer Waldtracht versprach dem Wanderimker, den bei der Kundschaft so begehrten dunklen Waldhonig zu ernten.

Neben den kargen Trachtaussichten nach der Hauptblüte, finde ich, legitimieren zusätzlich zwei Gründe, den Bien zur „Sommerfrische" in Wald- bzw. Gebirgslagen zu schicken, und dürfen nebst mehr Honigertrag heutzutage nicht außer Acht gelassen werden, sofern der Verbleib mit den Bienenvölkern am Wanderplatz nach der Waldtracht möglich ist.

*Abb. 136: Das Anwandern der Waldtracht verspricht dem Wanderimker den begehrten Waldhonig.*
*(Quelle: Buchner P. 2023)*

- Die **Ernährungssituation** unserer Bienen in den Niederungen (Mährhythmus im Grünland) **über die** Sommerszeit durch intensive Bewirtschaftung bietet nie diese Vielfalt an Pollen und Nektar/Honigtau, wie mittlere und höhere Regionen/Lagen.
- Ebenso wirkt sich ein im **„Abseitsstehen“** der Bienen mit der entsprechenden „Spätsommerpflege“ = Varroabehandlung und Auffütterung am Wanderplatz und spätem Rückwandern (wenn möglich) positiv auf die Gesundheit der Bienenvölker aus. Es kommt zu weniger Transmission/Reinvasion von Varroen aus benachbarten Bienenständen sowie ein früheres Aus-der-Brut-Gehen des Biens, wenn dieser in kühleren Höhenlagen steht.

**MERKE:**

**Ein gewiefter Wanderimker wandert mit seinen Bienen nicht immer zur selben Zeit an denselben Wanderplatz, sondern den Zeitpunkt zur Wanderung bestimmen die Vegetation, die Besatzdichte der Honigtauerzeuger und das Wetter.**

## STANDORT DES WANDERSTANDES

Wellenstein (1966) prägte einst folgenden Reim:

**„Wanderimker, wollt ihr wertvollen Waldhonig? Wandert an warme, windstille Waldränder! Wassernähe und Waldameisen sind wichtige Wegweiser!“**

Dieser Spruch zeigt viele wichtige Kriterien zur Aufstellung und Nutzung einer Waldtracht auf. Natürlich sollte jeder Wanderplatz auch bei schlechtem Wetter gut erreichbar sein.

Prof. Pechhacker (1977a) untersuchte die Bedeutung der Entfernung der Trachtquelle vom Aufstellungsort der Bienen während einer Weißtannentracht und kam dabei zu deutlichen Ergebnissen.

Je weiter weg vom Trachtzentrum die Bienen stehen, desto weniger Waldhonigeintrag ist zu erwarten. Bei einer Entfernung von 1.000 m zum Trachtzentrum halbiert sich die Gewichtzunahme des Waagstockes.

**Jeder Wanderimker muss seine Bienen daher möglichst nahe an die Trachtquelle stellen!**

Eine ergiebige Trachtnutzung setzt auch den richtigen Wanderzeitpunkt voraus. Um rechtzeitig zu wandern, sollen alle Stockwaagen, die zur Verfügung stehen, Anfang Mai aufgestellt werden. Der Wanderzeitpunkt darf nicht verpasst werden. Wenn es honigt, müssen rasche, beherzte Entscheidungen zur Wanderung getroffen werden.

Voraussetzung dafür ist, wie erwähnt, der Einsatz eines Waagstockes, die genaue Beobachtung der Honigtauerzeuger sowie des Wetters im Trachtgebiet.

## WANDERBESTIMMUNGEN

Es ist internationaler Standard, dass alle Bienenvölker, die für die Wanderung oder Zucht vorgesehen sind, an einem Flugtag bei einer Standkontrolle auf ihren Gesundheitszustand (Brutkrankheiten) überprüft werden. Diese Überprüfung führen nicht nur in Österreich befugte Bienensachverständige der jeweiligen Region durch. **Länder- und Regionsspezifisch sind andere Untersuchungsbefunde (Futterkranzproben) gefordert. Das Wissen um diese Anforderungen muss vom wanderwilligen Imker** vorab, früh genug eingeholt werden!

- Minimalanforderung und zugleich Grundvoraussetzung zur Wanderung mit Bienen sind gesunde Bienenvölker und ein gültiges Gesundheitszeugnis.
- Weiters muss das Einverständnis des Grundbesitzers am Wanderplatz gegeben sein.
- Die länderspezifischen Regelungen, Abstandsvorschriften zu Schutzgebieten (z. B. Belegstellen), aber auch zu anderen Wanderbienenständen oder Heimständen müssen unbedingt eingehalten werden.
- Auskunft über mögliche Sperrzonen sollten vorab eingeholt werden.
- Im Sinne des guten imkerlichen Umgangstones sind die Obleute der Region vor dem Aufstellen der Bienenvölker über die Wanderung zu informieren.
- Beschriftung des Wanderbienenstandes mit **Völkerzahl,** VIS-Nr., Name, Adresse und Telefonnummer des Wanderimkers muss nach Österreichischem Recht vorhanden sein. (Quelle: www.ris.bka.gv.at)
- In Deutschland sind ähnliche Wanderbestimmungen in den Allgemeinen Vorschriften der Bienenseuchen-Verordnung, § 5–5a festgeschrieben. (Quelle: https://www.gesetze-im-internet.de/bienseuchv/BJNR005940972.html)
- In der Schweiz regelt das Tierseuchengesetz (TSV) Art. 18a–19a das Verstellen von Bienenvölkern. (Quelle: https://bienen.ch/imkerei/tools-und-service/gesetze-verordnungen/)

Nur starke und trachtreife Bienenvölker, die Ertrag versprechen, sollten auf die Reise mitgenommen werden. Jeder Wanderimker tut gut daran, ein gutes Einvernehmen mit der ortsansässigen Imkerschaft zu pflegen. Verbindliche Vereinbarungen über An- und Abwanderung, Pacht mit dem Grundbesitzer, dem Forst und der Jägerschaft sind einzuhalten. Das Einhalten gewisser An- und Abfahrtszeiten in bejagten Waldbereichen und aus Naturschutzgründen versteht sich von selbst.

Ebenso sollten große Massierungen von über 30 Bienenvölkern an einem Wanderplatz vermieden werden.

## VORBEREITUNGEN ZUR WANDERUNG

Vorab muss genug Honigvorrat (mind. 6–8 kg) in den Bienenvölkern vorhanden sein, sodass diese bei einer eventuellen Schlechtwetterperiode gut über die Runden kommen. Von Vorteil ist eine bevorstehende Großwetterlage, die stabiles, warmes Wetter zum „Einfliegen und Neuorientieren" des Biens verspricht.

Genügend Zuggurte, Wanderböcke, eine Sackkarre und Traghilfen komplettieren das Wanderequipment. Um den eigenen Bandscheiben nicht zu viel zumuten zu müssen, sollten genügend angstfreie, stichfeste Träger mit Schutzkleidung und Stirnlampe mit an Bord sein.

## TRANSPORT

Um Stress für den Bien und den Imker zu vermeiden, sollte die „Reise" gut geplant sein. Nach dem Verschließen, Begurten und Aufladen der Bienenvölker sollte der Transport ohne Unterbrechungen zügig vonstattengehen.

Für den Bien ist die Fahrt nachts bei Dunkelheit (kühlen Außentemperaturen) angenehmer. Bei kühlem, regnerischem Wetter kann auch tagsüber gewandert werden.

In einem Transporter (bessere Federung) ist die Fahrt für den Bien schonender als die Fahrt am Anhänger. Das gleichmäßige Motorengeräusch im Fahrzeug wirkt beruhigend auf den Bien.

Im Sommer fliegen die Bienen bis weit in die Dämmerung hinein, daher bevorzuge ich das Aufladen bei Dunkelheit in den frühen, noch kühlen Morgenstunden, um dann beim Tagesanbruch am Wanderstand zeitgerecht mit dem Abladen fertig zu sein.

In Vorarlberg sind die Wege kurz, so ist nach max. einer Stunde Fahrtzeit wohl jeder Wanderstand erreicht. Trotzdem muss auf eine gute Belüftung der Bienenvölker, je nach Beutensystem mit offenem Gitterboden und/oder Belüftungsgitter mit Trommelraum z. B. an der Flugfront, geachtet werden.

**Bei schwüler Witterung besteht sehr schnell die Gefahr des Verbrausens!**

Die wertvolle Fracht sollte mit Zuggurten gut fixiert und gesichert sein, denn schnell kann sich bei unebener Straße ein Keil verschieben und Bienen nach außen dringen. Daher dürfen ein Wassersprüher, Smoker, kleiner Handbesen, Schaumstoff, Klebeband und ein Schleier zum Eigenschutz im Reisegepäck nicht fehlen.

## AUFSTELLEN

Sind die Wanderböcke und Unterlagen bereit und steht bereits ein Waagstock am Wanderplatz, ist es ideal, die angewanderten Bienenvölker links und rechts dazuzustellen. Sammlerinnen vom Waagstock, die sich verfliegen, weisen den Neuankömmlingen sofort den Weg zur Tracht.

Nach dem Abladen werden die Zuggurte entfernt und die Bienenvölker wetterfest gemacht. Danach warte ich immer noch einige Zeit mit dem Öffnen des Flugkei-

*Abb. 137: Bienenfreiaufstellung am Wanderplatz. Ein gut sichtbares, gültiges Gesundheitszeugnis mit Kontaktdaten und VIS-Nr. muss sofort angebracht werden. In eine Klarsichthülle gegeben oder laminiert, lässt es sich mit Reißnägeln leicht anheften.* (Quelle: Buchner P. 2016)

les, damit sich der Bien noch etwas von der Fahrt beruhigen kann. Das Öffnen der Fluglöcher muss zügig erfolgen!

Alle Fluglöcher werden auf eine entsprechende Weite gestellt. Nach einer Zeit der Beruhigung wird dies nachkontrolliert.

## MONITORING DER WALDTRACHT DURCH DEN WAAGSTOCK

„Ein Waagstock lügt nicht“! In diesem Zitat meines Vaters liegt viel Wahrheit. Er meinte damit, dass ein Waagstock verlässlich wichtige Anhaltspunkte über den **Beginn, den Verlauf sowie das Ende** einer Waldtracht in der Region gibt. So verrät der Waagstock präzise den idealen Zeitpunkt des Nach-, aber auch des Abwanderns. Zur Auswertung und richtigen Interpretation der Daten des Trachtverlaufs muss unbedingt die Wettersituation währenddessen mitberücksichtigt werden. Generell lässt sich durch ein ganzjähriges Waagen-Monitoring der Futterverbrauch, aber auch die Nahrungsverfügbarkeit (Tracht) sehr gut verfolgen. Je nach Sensorenausstattung der Waage und den so erhobenen Daten können Rückschlüsse auf Futterverknappung, Brutaktivität, Schwarmneigung, Schleuderzeitpunkt und mehr gezogen werden.

### Der Waagstock

Ein Waagstock sollte von einer möglichst jungen Königin (Schwarmneigung gering) geführt werden und zum Trachtzeitraum viele Sammlerinnen in sich tragen. Während einer Waldtracht nimmt die Volksstärke nicht zu!

Sehr gut geeignet sind Jungvölker, die zur Zeit der Blütentracht ihren Entwicklungshöhepunkt noch nicht erreicht haben. Imkerliche Eingriffe am Waagstock sollten sich auf das Nötigste, wie etwa Raumgaben und Honigentnahmen, beschränken.

### Die Stockwaage

Das Fortschreiten der Digitalisierung macht auch vor der Imkerei nicht halt. So liefert eine elektronische Stockwaage in Kombination mit einem Smartphone und einer App eine Vielzahl an Echtzeitdaten. Dabei lassen sich jederzeit aktuelle Trends, Daten und wichtige Witterungsinfos vom Wanderstand via Smartphone von zu Hause aus abrufen. Waren es früher mechanische Waagen sind heute digitale Waagen unentbehrlich und nicht mehr wegzudenken. Je nach Produkt (Sensoren) werden das Gewicht, die Brutraumtemperatur und eine Vielzahl von Daten gemessen.

Der kommerzielle Markt an elektronischen Bienenstockwaagen im EU-Raum ist gerade in den letzten Jahren enorm gewachsen. Dabei gilt es, wie bei allen Anschaffungen, Kosten und Nutzen abzuwägen. Meine Erfahrung ist, dass IT-affine Imkerkollegen in den Vereinen, aber auch Vergleichsportale bei der Auswahl der richtigen Stockwaage helfen.

In vielen Regionen besteht für die trachtinteressierte Imkerschaft die Möglichkeit, sich mittels digitaler Stockwaage in eine Art Tracht-Net (Trachtnetzwerk) einzubringen. Hersteller, aber auch regionale Trachtbeobachter oder -gemeinschaften führen dabei ein Netzwerk, in dem mitwirkende Imker Zugriff auf alle Stockwaagen-Daten haben. Eine flächendeckende Abbildung des Trachtverlaufs ist so möglich. Ebenso profitieren mitwirkende Wanderimker von den Echtzeitdaten, um möglichst schnell auf den Trachtbeginn reagieren zu können.

## Der Trachtbeginn

Laut Fossel et al. (1985, S. 33) lässt sich der Zeitpunkt des Trachtbeginns bei der Kleinen und Großen Lecanie sehr leicht feststellen. Die Lecanientracht beginnt, wenn die ersten Tröpfchen in größerer Anzahl sichtbar werden.

Deutlich schwieriger ist der Trachtbeginn bei einer Lachnidentracht zu erkennen. Durch ein genaues Monitoring der Lachnidenpopulationen in Kombination mit einem Waagstock (Gewichtzunahmen) lässt sich aber auch hier der Trachtbeginn feststellen.

Selten stehen am Beginn einer guten Waldtracht geringe Zunahmen am Waagstock. Vielmehr ist meine Erfahrung, und diese teile ich hier mit Liebig (1999), der von rasch steigenden Zunahmen am Waagstock berichtet, dass oft schon der zweite oder dritte Trachttag den Spitzenwert der Trachtphase erreicht.

Tageszunahmen von 4–6 kg sind an Spitzentagen bei einer Lecanien- oder Lachnidentracht durchaus möglich und wurden von mir schon mehrfach so aufgezeichnet.

## Die Trachtlenkung

So manche vermeintliche Tracht wird von den Kundschafterinnen des Biens nicht als solche erkannt und angeflogen. Zum einen kann es an der Qualität des Honigtaus (zu schwache Zuckerkonzentration) oder sehr oft an einer attraktiveren Konkurrenztracht (Blüten) liegen.

Auch mein Vater bediente sich dem Instrument der Tracht-Duftlenkung. Er benetzte Fichtenzweige in der nahen Umgebung des Wanderplatzes mit einem gesüßten Absud aus Fichtenhonig und „Fichtennadeltee“ (Maitriebe). Er erhoffte sich dadurch einen schnelleren Beflug des Fichtenwaldes. Heute ist jegliche Form der Außenreizung (Fütterung) schon aus Sicht der Krankheitsvorbeugung nicht mehr erlaubt. Zudem provoziert sie doch allzu leicht Räuberei.

## Schwarmmethode zur Trachtlenkung

Eine effiziente Form der Trachtlenkung stellt die Schwarmmethode dar.

> **„Ein Schwarm im Mai, ist so viel wert, wie eine Fuhre Heu.“**

Schon vor Beginn der zu erwartenden Waldtracht stellt man einen stattlichen Schwarm (oder Kehrschwarm), eingeschlagen auf Mittelwänden, am Wanderplatz auf. Den besonders findigen Schwarmbienen entgeht keine Tracht.

Kommt es zum Trachtbeginn und haben sich die Schwarmbienen auf die Waldtracht eingeflogen, werden die Wandervölker nachgeholt und links sowie rechts des Schwarms platziert. Nun wird der Schwarm entweiselt (die Königin entfernt). Die Schwarmbienen werden durch Abfegen der einzelnen Waben portionsweise auf die Anflugbretter verteilt. Die Beute des Schwarmes wird entfernt, dabei müssen sich alle Flugbienen in die fremden Völker einbetteln. Die Schwarmbienen bringen in ihre neue „Heimat“ die gewünschten Trachtinformationen mit und so sind die Flugbienen der dazugestellten Wandervölker schnell auf Kurs gebracht und fliegen zur gewünschten Tracht.

# ZEIT DER FÜLLE

Wer schon einmal den Trachtflug bei einer voll eingesetzten Waldtracht gesehen und erlebt hat, weiß, wovon ich schreibe. Es gibt kein langes „Herumgesumme“ der Sammlerinnen vor dem Stockeingang!

Schon bei Tagesanbruch kann ein zielstrebiger, ruhiger Trachtflug am Flugloch wahrgenommen werden. Es können sowohl emsig wegsausende Sammlerinnen als auch holende und schwer beladene Heimkehrerinnen, die ans Flugbrett klatschen, beobachtet werden. Nach einer kurzen Rast klettern sie langsam in den Stock hinein.

Die Sammelaktivität des Biens ist auf „Vollgas“ gestellt. Geflogen wird von früh morgens bis in die Dunkelheit hinein. Selbst bei schwachem Regen findet Sammelflug statt.

*Abb. 138: Rastende, kletternde Sammlerinnen an der Hüttenwand* (Quelle: Buchner P. 2023)

Ist es dunkel, sitzen sterzelnde Bienen vor dem Flugloch und fächeln die überschüssige Feuchtigkeit, die mit dem Honigtau eingetragen wurde, aus dem Stock. Ein milder, süß-würziger Duft liegt in der Luft.

Die Masse an Honigtau, die heimgebracht wird, muss auch entsprechend eingelagert werden. Waben werden randvoll befüllt, wenn Platz ist, wird Überbau erstellt. Jeder überschüssige Raum wird mit Wabenbau ausgefüllt und sofort mit Honig befüllt.

**Die Zeit der Fülle ist da!**

*Abb. 139: Verdeckelte Honigwaben nach einer Lecanientracht 2017* (Quelle: Buchner P. 2017)

## VOM HOFFEN UND DER FREUDE BEI DER TRACHTBEOBACHTUNG

„Die Neugier ist der Ursprung allen Lernens."

Besondere Begebenheiten (Phänomene) zu sehen und zu erkennen und diese im Kontext zu bewerten und zu deuten, macht Freude. So ist das Suchen, Beobachten und Nachforschen auch eine emotionale Tätigkeit, die Hoffnung in sich trägt. Hoffen auf guten Besatz, gedeihliches Wetter während der Vermehrungsphase und stabiles, trockenes Wetter während der Trachtphase der Honigtauerzeuger. Denn nur, wenn sich ein Ineinanderfügen aller wichtigen Einflussfaktoren einstellt, werden die Ertragsaussichten eintreffen und große Erträge eingefahren.

Imker sind hoffende Menschen. Sie hoffen immer! Wird diese Hoffnung belohnt, freuen sie sich.

Bei mir stellt sich nach guten Waldtrachten immer ein Gefühl der Freude, Dankbarkeit, Demut und des Staunens ein. Dankbarkeit und Freude über die Fülle des Ertrags, aber auch Demut und Staunen über den Fleiß des „Biens".

So gilt es aber auch nach schlechten „Honigjahren", zu evaluieren und den Beweggründen und Auslösern für den schlechten Honigertrag auf den Grund zu gehen.

*Abb. 140: Reiche Waldhonigernte aus meinen „Hinterbehandlern"* (Quelle: Buchner P. 2017)

Mein Vater pflegte nach schlechten Erntejahren zu sagen: „Die Bienen sind nicht schuld, sie können nichts dafür!"

## WALDTRACHTKRANKHEIT SCHWARZSUCHT

Lang andauernde Waldtrachten beanspruchen die Bienenvölker stark, dabei sind Honigerträge von bis zu 60 kg und mehr pro Wirtschaftsvolk selten, aber möglich. Leider entsteht manchmal je nach Trachtdauer der Tanne und Fichte auch ein Phänomen, dass sich durch haarlose dunkle Sammelbienen äußert.

Ritter (2016) schreibt, dass die nichtansteckende Form von Schwarzsucht oft nach einer lang andauernden Tannen- und Fichtentracht auftritt. Sie wird darum auch als Waldtrachtkrankheit bezeichnet.

Abgearbeitete Sammelbienen von Bienenvölkern, die über mehrere Wochen einer Waldtracht ausgesetzt waren, sind nahezu haarlos und scheinen daher äußerlich schwarz. Oft finden sich diese am Flugbrett, wo sie von Wächterbienen als fremdartig abgewiesen und nicht eingelassen werden.

Die Ursachen für diese Form der Schwarzsucht sind vielfältig und noch nicht vollständig geklärt. Der hohe Anteil an Mineralstoffen im Honigtau erscheint toxisch und führt zu Veränderungen an Darm und Aussehen.

Überhaupt kommt es zu einer Schwächung des Biens. Einerseits wirkt sich der erhöhte Platzbedarf für den eingetragenen Honigtau auch auf ein dadurch eingeengtes Brutnest aus. Andererseits konzentriert sich der Bien auf das Sammeln von Honigtau und vernachlässigt den Polleneintrag, der zudem in dieser Zeit oft Mangelware ist.

Durch diesen Pollenmangel wird weniger Brut aufgezogen und die durch die Waldtracht abgearbeiteten Sammelbienen nicht ersetzt. Daher empfiehlt es sich, aus einer späten Waldtracht rechtzeitig abzuwandern, um dem Bien noch genügend Zeit zur Erholung (Spätsommerpflege) zu geben.

Seltener tritt dieses Phänomen bei der kürzeren und früher im Jahr auftretenden Lecanientracht der Fichte auf.

# RESÜMEE UND ZUSAMMENFASSUNG FÜR VORARLBERG (S'LÄNDLE)

Durch die geographische Lage, den dadurch bedingten häufigen Niederschlag und den Mangel an Trachtangeboten in Vorarlberg gibt es für die Imkerschaft Vorarlbergs die Pflicht, sich mit der Waldtracht auseinanderzusetzen.

Weil die Fichte mit knapp 50 % Anteil an der Ertragswaldfläche die Baumart mit der höchsten wirtschaftlichen Bedeutung in Vorarlberg ist, stellt sie somit die bienenwirtschaftlich wichtigste Wirtspflanze dar. Es gibt aber auch großartige Weißtannenbestände an den Hängen des unteren Rheintales, am Pfänderstock und im Bregenzerwald.

Für die optimale Nutzung der Waldtracht ist ihre Beobachtung unumgänglich. Um Honigtauerzeuger auf der Fichte und der Tanne zu finden und deren Vermehrungsverhalten zu verstehen, bedarf es einerseits eines Grundwissens über Vorgänge in der Wirtspflanze. Andererseits braucht es auch die Kenntnis über Aussehen, das phänologische und örtliche Vorkommen und das Wissen über deren Vermehrungsverhalten. Um sich der Waldtrachtbeobachtung zu nähern und ein entsprechendes Beobachter-Knowhow zu erlangen, bedarf es eines stetigen, systematischen Beobachtens der Honigtauerzeuger im gesamten Jahresverlauf. Erfahrene Beobachter und das Beobachten in der Gruppe sind dabei der Schlüssel zum Erfolg. Stockwaagen helfen, die Beobachtungsergebnisse zu untermauern und den Trachtverlauf zu dokumentieren.

Ich wünsche allen Imkern den Wissensdurst sowie die Ausdauer, sich dauerhaft mit dem Thema Waldtracht und den entsprechenden Honigtauerzeugern auseinanderzusetzen. Sie werden sehen, dass dieses Thema eine große Bereicherung für die Arbeit mit den Bienen darstellt.

*Abb. 141: Für die optimale Nutzung der Waldtracht ist ihre Beobachtung unumgänglich.* *(Quelle: Buchner P. 2023)*

# ANHANG

| **Wintereier-Auszählung: Grüne Tannenrindenlaus *(Cinara pectinatae)* „Buchneria"** | | | | |
|---|---|---|---|---|
| Standort: | | Datum: | | |
| Bereich: | Wintereier | Summe | Zweigfläche/$m^2$ | Eier/$m^2$ |
| 1. | | | | |
| | | | | |
| | | | | |
| | | | | |
| | | | | |
| 2. | | | | |
| | | | | |
| | | | | |
| | | | | |
| | | | | |
| 3. | | | | |
| | | | | |
| | | | | |
| | | | | |
| | | | | |
| 4. | | | | |
| | | | | |
| | | | | |
| | | | | |
| | | | Mittelwert: | |
| Notizen: | | | | |

*Abb. 142: Dokumentationsblatt zur Wintereierauszählung*

| Larven-Suche: Fichten-Lecanie *(Physokermes)* | | | | | |
|---|---|---|---|---|---|
| Standort: | | | Datum: | | |
| Zweig | Anzahl Quirle | davon befallen | Anzahl Larven | befallen % | Larven/Quirl |
| 1. | | | | | |
| 2. | | | | | |
| 3. | | | | | |
| 4. | | | | | |
| 5. | | | | | |
| 6. | | | | | |
| 7. | | | | | |
| 8. | | | | | |
| 9. | | | | | |
| 10. | | | | | |
| Summe | | | | | |
| Mittelwert: | | | | | |
| Notizen: | | | | | |

*Abb. 143: Dokumentationsblatt zur Lecanienlarvensuche*

| Populationsdichte: Grüne Tannenrindenlaus *(Cinara pectinatae)* „Buchneria" | | | | | |
|---|---|---|---|---|---|
| Standort: | | | Datum: | | |
| Bereich: | Zweig | Erw. Tiere | Jungtiere | Summe | Läuse/m² |
| 1. Abklopfprobe | 1 | | | | |
| | 2 | | | | |
| | 3 | | | | |
| | | | | | |
| 2. Abklopfprobe | 1 | | | | |
| | 2 | | | | |
| | 3 | | | | |
| | | | | | |
| 3. Abklopfprobe | 1 | | | | |
| | 2 | | | | |
| | 3 | | | | |
| | | | | | |
| | | | | Mittelwert: | |
| Notizen: | | | | | |

*Abb. 144: Dokumentationsblatt zur Populationsdichte der Grünen Tannenrindenlaus*

| Populationsdichte: Rotbraune Bepuderte Fichtenrindenlaus *(Cinara pilicornis)* | | | | | |
|---|---|---|---|---|---|
| Standort: | | | Datum: | | |
| Bereich | | | | | |
| Fichte | Anzahl befallener Maitriebe | | | | |
| | Mit 1 Laus | 2–10 Läusen | 10–50 Läusen | › 50 Läusen | Summe |
| 1. | | | | | |
| 2. | | | | | |
| 3. | | | | | |
| 4. | | | | | |
| 5. | | | | | |
| 6. | | | | | |
| 7. | | | | | |
| 8. | | | | | |
| 9. | | | | | |
| 10. | | | | | |
| Notizen: | | | | | |

*Abb. 145: Dokumentationsblatt zur Populationsdichte der Rotbraunen Bepuderten Fichtenrindenlaus*

## ABBILDUNGSVERZEICHNIS, GRAFIKEN UND TABELLEN

## VERWENDETE LITERATUR

Angst, A., Scheurer, S., Forster, B. (2007). Schweizer Erstfund der Rindenlaus *Cinara curvipes* (Patch) (Homoptera, Aphidina, Lachnidae) an der Coloradotanne. Mitteilungen der Schweizer Entomologischen Gesellschaft, S. 247–252

Bayerische Landesanstalt für Wald und Forstwirtschaft (2024). Online unter URL: https://www.lwf.bayern.de/waldbau-bergwald/waldbau/081907/index.php Zugriff: 12. Februar 2024

BIENENBOTSCHAFT gemeinnützige GmbH (2024). Online unter URL: https://bienenbotschaft.de/zeidlerei/ Zugriff: 15. Jänner 2024

Bienefeld, K. (2016). Imkern Schritt für Schritt. Kosmos Verlags-GmbH & Co. KG, Stuttgart

bienen&natur, Sonderheft (2021). Waldtracht und Waldhonig, Deutscher Landwirtschaftsverlag GmbH, Lothstraße 29, 80797 München

Bogdanov, S., Bieri. K., Kilchenmann, V., Gallmann, P., Dillier, FX. (2007). Zentrum für Bienenforschung, Forschungsanstalt Agroscope Liebefeld-Posieux Alp, 3003 Bern, Biologisches Institut für Pollenanalyse, 3122 Kehrsatz, Schweizerische Bienenzeitung, Heft Juli und August. Online unter URL: https://bienenzeitung.ch/magazin-uebersicht/?sf_paged=16 Zugriff: 7. Februar 2023

Bundesamt für Statistik der Schweiz (2024). Online unter URL: https://www.bfs.admin.ch/bfs/de/home/statistiken/land-forstwirtschaft/forstwirtschaft.assetdetail.26525478.html Zugriff: 13. Jänner 2024

Bundesforschungs- und Ausbildungszentrum für Wald, Naturgefahren und Landschaft, kurz BFW (2024). Online unter URL: https://waldinventur.at/#/ Zugriff: 12. Jänner 2024

Büsgen, M. (1891). Der Honigtau. Biologische Studien an Pflanzen und Pflanzenläusen. Jenaische Zeitschrift für Naturwissenschaft – NF_18: S. 339–428.

Deutscher Forstwirtschaftsrat e. V. – DFWR (2024). Online unter URL: https://www.forstwirtschaft-in-deutschland.de Zugriff: 12. Jänner 2024

Forstliche Bundesversuchsanstalt. (2024). Online unter URL: https://bfw.ac.at/inst4/schadensanalayse/christbaum/18.html Zugriff: 12. Februar 2024

Fossel, A. (1963). Die wichtigsten Honigtauerzeuger des steirischen Ennstales. Mitteilungen der Abteilung für Zoologie und der Botanik am Landesmuseum „Joanneum“ in Graz, Heft 16, Mai 1963.

Gesetz über das Halten und die Zucht von Bienen. (2023). Online unter URL: https://www.ris.bka.gv.at/GeltendeFassung.wxe?Abfrage=LrVbg&Gesetzesnummer=20000562 Zugriff: 5. Februar 2023

Gleim, K.-H. (1996). Die Honigtautracht. Berlin: Delta Verlag.

Kloft, W.-J., & Kunkel, H., & Maurizio, A., & Kaeser, W., Pechhacker, H. (1985). Waldtracht und Waldhonig in der Imkerei. Herkunft, Gewinnung und Eigenschaften des Waldhonigs. Zweite ergänzte und erweiterte Auflage unter Mitarbeit von A. Fossel, München: Ehrenwirth Verlag.

Liebig, G. (1999). Die Waldtracht – Entstehung – Beobachtung – Prognose. Stuttgart: TC DRUCK Tübinger Chronik.

Liebig, G. (2003). Entstehung, Beobachtung, Prognose und Nutzung der Waldtracht, Online unter URL: http://docplayer.org/37245960-Entstehung-beobachtung-prognose-und-nutzung-der-waldtracht.html Zugriff: 21. April 2022

Liebig, G. (2021). Beobachtung, Prognose und Nutzung der Waldtracht. bienen&natur, Sonderheft (1/2021), S. 18–22

Moosbeckhofer, R., & Ulz, J. (2023). Der erfogreiche Imker. Leopold Stocker Verlag Gmbh, Hofgasse 5, Graz

Nöbl, H. (2021). Trachtbericht 2021 für Salzburg. Online unter URL: https://www.imkerhof-salzburg.at/bienen/2021/02/11/trachtbericht-2021/ Zugriff: 21. April 2022

Ohe, W., & Ohe, K., & Janke, M. (2015). Honigtauhonig – der etwas andere Sortenhonig. LAVES – Institut für Bienenkunde Celle, Herzogin-Eleonore-Allee 5, 29221 Celle. Online unter URL: https://www.laves.niedersachsen.de/startseite/lebensmittel/lebensmittelgruppen/honig/honigtauhonig--der-etwas-andere-sortenhonig-73824.html / Zugriff: 21. April 2022

ORF Tirol. (2024). Chronik, Online unter URL: https://tirol.orf.at/stories/3242854/ Zugriff: 1. Februar 2024

Pechhacker, H. (1977a). Die wirtschaftliche Bedeutung der Entfernung der Trachtquelle vom Aufstellungsort der Bienen. Apicata 12, S. 15–18

Penny, B. (2014). Die Coloradotannen-Rindenlaus, *Cinara curvipes* – Ein harmloser Einwanderer aus Nordamerika in Österreichs Christbaumkulturen und Gärten? Forstschutz Aktuell Nr. 60/61, Online unter URL: https://bfw.ac.at/rz/bfwcms.web?dok=9443 Zugriff: 9. Februar 2023

Ritter, W. (2016). Bienen gesund erhalten, Krankheiten vorbeugen, erkennen und behandeln. Ulmer Verlag, 3. Auflage.

Ruppertshofen, H. (1980). Der summende Wald. Waldimkerei und Waldhygiene. Ehrenwirth Verlag München, 6. Auflage.

Schick, B., & Spürgin, A. (1997). Die Bienenweide. Handbuch der Bienenkunde. Eugen Ulmer Gmbh & Co. , Stuttgart

Stiftung Unternehmen Wald (2023). Online unter URL: https://www.wald.de/waldwissen/laubbaum-nadelbaum/nadelbaumarten/ Zugriff: 11. Februar 2023

Weber, S. (2013). Waldameisen-Lachniden-Trophobiose und Qualität des Honigtaus von Fichtenrindenläusen (Sternorrhyncha, Lachnidae). Fakultät Wissenschaftszentrum Weihenstephan.

Wellenstein, G. (1966). Weitere Beiträge zur Waldtrachterkundung. Dt. Imker 18, S. 265–270

Wellenstein, G. (1984). Möglichkeiten und Grenzen der Waldtracht-Nutzung. Die Biene 6, S. 244–249

# VIELEN HERZLICHEN DANK!

**Liebe Imkerin, lieber Imker,
lieber Leserkreis!**

Um ein Buch zu erstellen, bedarf es Unterstützung von vielen Seiten. Allein hätte ich dieses Buch nie zustandegebracht.

So möchte ich als Erstes meiner Familie, allen voran meiner Frau Elisabeth und meinen beiden Kindern Tameru und Selam, für ihr Verständnis und ihre Unterstützung (Zeitfreistellung) danken.

Weiters gilt mein Dank meinem Wanderlehrerkollegen Arno Halbeisen sowie allen Mitgliedern meiner Waldtrachtgruppe, vor allem Dir, lieber Vinzenz, Kuno und Rene! Euer vielfältiges Mitwirken bei der Erstellung dieses Buches in Form von Fotographien, Erfahrungen aus Eurem Wissensfundus und motivierendem Zuspruch waren mir eine große Hilfe. Ihr wart somit Anstoß und treibende Kraft, um dieses Buchprojekt voranzubringen.

Von Herzen danke ich allen anderen Mitwirkenden, die in irgendeiner Form am Entstehen dieses Praktikerbuches mitgewirkt haben. Einige Personen möchte ich dabei hervorheben:

Meinen Neffen, privaten Lektor und Berater, Johannes.

Heller Monika, für ihre Fotographien und ihren fachlichen Rat.

Meiner Verlags-Lektorin Heike Pekarz für ihre Überzeugungskraft bei der „Geburt" dieses Projekts sowie ihre freundschaftliche, hilfsbereite Art beim Schreibeprozess sowie der Entstehung und Umsetzung.

Mein Schwager Ramoser Siegfried mit seinem Team für die Beratung bei der Gestaltung dieses Buches.

Euch allen: Danke für die lehrreiche, humorvolle und spannende Zeit.

# ÜBER DEN VERFASSER

Buchner Peter wurde am 9. Juli 1970 in Hohenems/Vorarlberg als sechstes von sieben Kindern in eine Imkerfamilie hineingeboren. Somit startete er seine imkerliche Laufbahn von Kindesbeinen an. So wie er, war sein Vater schon Wanderlehrer. So werden Fachlehrer für Bienenkunde in Österreich genannt.

Als Bienenvater prägte Vater Alois sein imkerliches Werden von Beginn an. Er ließ ihn schon früh am Bienenstand, bei der Völkerführung, der Königinnenzucht, bei „Schwärmereien" Tätigkeiten verrichten und so Erfahrung sammeln. So unterwies er ihn auch in der Beobachtung der Waltracht.

Sein Wissen erweiterte er aus Literatur und Medien, ebenso bei Kursen und Exkursionen im In- und Ausland. Seit 1983 ist er Mitglied im BZV-Hohenems, seit vielen Jahren Jungimkerpate und Beobachter.

Seit 2021 ist er Trachtreferent des Vorarlberger Imkerverbandes.

Öffentlichkeitsarbeit ist ihm ein weiteres Anliegen, um Schulklassen, Kindergärten sowie alle Interessierten am schönsten Hobby der Welt teilhaben zu lassen.

Er sagt:
*Mit der Natur und wesensgemäß zu imkern, ist ein Muss; so betrachte ich immer den „Gesamtkontext" also das große Ganze! Ich setze Arbeitsschritte nur in Abwägung von Entwicklungstand des Biens, des Klimas, Wetterberichts, der Bienenweide/Tracht (Phänologie, Natur). Dem Bien muss es gut gehen, dann gibt sich alles von selbst!*

Er betreut im „Oldstyle", zwischen 40–45 Bienenvölker im Hinterbehandler/Schweizerkasten (Vollholzbeute). Über den Winter stehen seine Bienenvölker an zwei Standorten in Hohenems im Ried auf 420 m Seehöhe (Nähe alter Rhein) und in Dornbirn bei seinem Wohnhaus (in Waldnähe) auf 580 m Seehöhe. Er wandert mit seinen Bienenvölkern entweder in die Waldtracht oder ins Hochgebirge.

# Aus unserem Programm

ISBN 978-3-7020-1431-5

ISBN 978-3-7020-2253-2

ISBN 978-3-7020-1718-7

ISBN 978-3-7020-1370-7